# 드론 제작 실전

# DRONE PRODUCTION PRACTICE

# 드론 제작 실전

## 미션플래너 · APM · 픽스호크 사용자를 위한 드론 제작교재

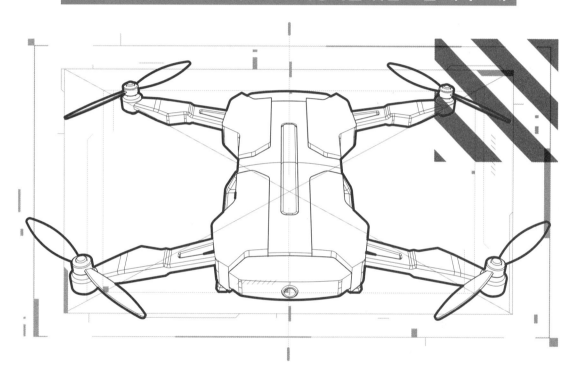

전진수 지음

좋은땅

## 🚁 목차

## 제3장　외형 완성

새처럼 하늘을 날고자 하는 인간의 욕망은 과학의 발달을 촉진시켰다. 멀지 않은 미래에는 최소 크기의 비행체를 자가 운송수단으로 사용하게 될 것이다.

아주 오랜 옛날부터 하늘을 날고자 하는 인간의 욕망은 신화 이카루스의 밀랍 날개를 만들어 내었다. 예술가와 과학자를 겸한 다빈치의 비행체 설계 디자인을 비롯한 라이트형제의 비행기 제작…. 지금 우리는 전 세계를 항공망으로 보다 빠르게 잇는 시대에 살고 있으며 이제는 한층 더 나아가 내가 직접 만든 무인 비행체 드론[정식 용어는 UAS(Unmaned Aircraft Systems)]을 다방면으로 이용하는 시대가 열리고 있다.

우리나라도 4차 산업혁명의 과제 중 일부를 드론(drone-UAS) 산업에 할당하고 있으며 많은 발전을 이루어 농·축산의 방역과 방제는 물론 영화·방송 등의 촬영용, 토목과 건축의 측량 및 상태 검사, 철도, 교량의 안전성검사, 지형의 매핑, 인명구조, 산불감시, 공해배출 감시 등 매우 다양한 곳에 이용 중이고 더 폭넓은 확장이 이루어질 것으로 예상된다.

드론을 직접 만들어 보고 싶다는 생각을 가진 사람들이 많이 있을 것으로 본다. 그러나 좀처럼 접근하지 못하는 이유는 크게 두 가지로 생각된다.

첫째는 어떤 부품이 어떻게 필요하며 구성을 어떤 방법으로 해야 하는 것인지 등의 여러 기술적이고 형식적 문제로 벽에 부딪치기 마련이다.

둘째는 관심을 가지고 인터넷 등에서 드론 부품들을 검색해 보니 경제적 부담이 크다는 것이다.

본 교재의 이해 과정에 따라 제작한 드론(Quad Copter)의 시험비행.
('드론'이란 명칭은 '무인항공기'를 지칭하는 편리 용어이다.)

　내가 이 도서를 만드는 이유는 이러한 불편함에 대한 길라잡이가 되고 싶어서이다. 내가 겪었던 답답함을 조금이라도 덜면 다음에 누군가는 편리하게 접근하고 더 깊은 연구의 초석으로 사용할 수 있다고 본다.

　드론에 관한 초보학습 의욕자들에게 교과서 같은 교재로 사용되기를 바라는 마음으로 이 책을 집필하였다.

　그래서 최대한 쉽게 접근할 수 있는 방법을 소개하려 한다. 일단 개념과 원리에 대한 설명은 드론의 시조격인 APM(Ardupilot Mega) F.C.를 이용하며 더 넓은 범위가 필요한 경우 픽스호크(Pixhawk)로 확장하여 설명한다. 또한 가성비를 최대로 고려한 드론 제작 범위에서 부품을 선택하여 내용 정리를 하고자 한다.

　드론을 제작하기 위한 부품은 거의 중국 또는 미국 등에서 수입하여 사용하며 고급 기술 내용이 포함된 것이라 가격이 비싸다. 이것이 드론 제작이 꺼려지는 이유다. 비싼 돈을 들였는데 날지 못하는 무용지물이 된다면 너무 억울하다. 저렴하지만 실속 있는 부품들로 구성하여 완성의 성취감과 드론 구조의 전체적 흐름을 볼 수 있는 능력을 배양한 후 본인이 원하는 높은 버전의 사양들을 첨가하며 기술적인 측면과 경제성 측면 모두를 고려할 수 있게 되기를 바란다.

보다 많은 사람이 과학적 호기심으로 접근한다면 항공시대의 발달은 그만큼 더 앞당겨질 것이다.

어려운 내용은 최대한 쉽게 설명하고 드론을 제작하는 데 당장 필요하지 않지만 꼭 알아야 할 내용들은 책의 요소마다 세부적 또는 부분적으로 설명을 이어 나갈 것이다. 이것은 드론을 제작하기 전 또는 드론을 제작하며 반복 설명으로 생소한 용어와 이론에 대한 이해를 돕게 될 것이다.

지면상으로 쉽게 드론을 만들 수 있는 방법을 소개하겠지만 이 책을 통해 드론을 제작하실 분들에게 부탁의 말도 전한다.

드론은 종이비행기가 아니다. 드론은 빠른 속도로 하늘을 날며 어떤 상황에서든 본인은 물론 다른 사람의 안전에 위험 요소가 될 수 있다.
또한, 드론은 윤리적인 선의의 목적으로 사용해야 한다.

드론을 만들기 전 초경량비행장치(드론)조종자 자격을 취득하고 드론 제작에 임했으면 하며 사정이 여의치 않으면 최소한 보다 안전한 미니 드론 등을 이용하여 최소한 2~3개월 이상의 비행연습으로 실력을 갖추고 임하기를 당부한다.

Flight Controller의 시조격인 ArduPilot F.C.는 오픈소스로 구성되어 있다.

일차적인 DIY 외형의 제작과 제작된 콥터(드론)의 사용 목적을 달성하기 위한 안정적 비행에 필요한 매개변수 값들을 찾기 위하여 여러 필요변수 값을 콥터에 입력하면서 테스트 비행을 수차례 실행할 때 비행 실력이 없이는 콥터에 맞는 값을 찾아 입력할 수 없을 뿐 아니라 미완의 드론에 의

드론 제작 실전

한 안전문제도 발생할 수 있기 때문이다. 또한 콥터는 작은 것이라 해도 비행기에 해당하는 장치로 초경량 비행장치 운용자격증이 없는 사람과 있는 사람 모두 항공법을 적용받는다. 이용자 모두 항공안전수칙을 지켜야 한다는 것을 잊어서는 안 된다.

이 책을 만들기 위해 부득이 드론 부품에 관련한 고유 회사(會社)와 품목 이름이 지면에 오를 것이다. 드론을 처음 만들고자 하는 분들에게 과정을 이해시키기 위한 것으로 상업적 의도가 전혀 없음을 밝힌다.

2020년 4월 어느 날.
저자 전진수.

DIY 콥터(드론) 제작은 외형제작뿐 아니라 펌웨어 등 여러 단계의 작업을 거친다.

외형을 먼저 완성한 후 비행프로그램을 다루는 단계로 들어가면 외형의 구조적 장해가 불편을 만들 수 있다.

이때 사진과 같이 F.C. 보드와 GPS만을 결합, 간단한 외형 형태로 프로그램 작업을 하면 편리하다.

## 🚁 드론 제작에 들어가기 전

### 1. 과정의 이해

드론을 제작했다고 해서 하늘을 곧바로 날지 않는다. 드론은 전기, 전자적 시스템으로 이루어졌기 때문에 내가 명령하는 방향으로 움직이도록, 드론이 이해할 수 있는 명령체계를 컴퓨터와 개발된 드론 전용 비행프로그램을 이용하여 교통(交通)해 주어야 한다. 그 과정을 간단히 아래와 같이 정리한다.

#### 1) 드론 제작을 위한 첫째 과정, 외형 구성하기

목적에 따른 원하는 시스템을 구상하고 기본 틀인 외형 프레임(Frame) 조립 및 모터와 ESC 등의 부품을 사용 목적에 맞게 회로를 구성한 후 납땜하여 외형을 완성한다.

#### 2) 드론 제작을 위한 둘째 과정, 비행프로그램 입히기

일차적으로 완성한 외장 하드웨어에 사용 목적과 형태에 맞는 프로그램을 사용할 F.C. 보드에 로드하고 조종자의 비행 목적을 달성할 수 있는 여러 단계의 시스템 처리(System Processing) 작업을 해야 한다.

#### 3) 드론 제작을 위한 셋째 과정, 기체[機體]에 비행프로그램 결합 완성도 높이기

사용 목적에 따른 외형의 요소와 나의 명령을 문제없이 이행할 소프트웨어가 일치되는 여러 매개변수 값(드론의 크기, 저항마찰력, 부품의 균형 정도 등의 요소에 따라 수치의 값이 달라질 수 있다.)을 여러 번의 테스트 비행으로 변화를 주어 명령을 무리 없이 이행할 수 있는 상태까지 완성해야 한다.

## 2. 드론 DIY 제작을 위한 공구 및 기본 재료 구성

드론 제작을 위해 다음과 같은 기본적인 공구 및 재료가 필요하다.

처음에는 아래와 같이 가성비를 고려한 공구들을 구성했다가 추후 필요에 따라 보다 좋은 질의 공구 구입을 추천한다.

### 1) 드라이버 세트

드론 외형 조립은 대부분 육각볼트로 작업한다. 많이 사용하는 굵기는 1.5, 2.0, 2.5, 3.0mm이다. 그러나 외형이 큰 농사용 드론의 경우는 더 굵은 육각 드라이버가 필요하다. 조립의 부위에 따라 육각너트 또는 십자형 등의 드라이버가 필요하므로 여러 종류로 구성된 드라이버 세트를 사용하는 것이 유리하다. 전동용 드라이버를 사용할 경우 육각볼트용 세트를 추가 구입하면 된다.

### 2) 전기인두

전기인두는 일자형과 권총형이 흔히 사용된다. 자신이 편한 형태를 선택하면 되지만 때에 따라 정밀한 납땜을 위해서는 길이가 짧은 것이 유리하다. 소비전력은 30~50W 이상을 사용한다.

### 3) 솔더링 스테이션(Soldering Station)

납땜용 집게 및 뜨겁게 달구어진 전기인두 작업 시 꽂아 놓는 홀더를 포함한다.

### 4) 실 납

보통 두께 8mm짜리를 사용한다. 실 납은 질 좋은 것을 사용해야 한다. 빨리 녹는 납일수록 회로에 전달되는 열전도에 의한 손상을 줄일 수 있다.

### 5) 솔더 페이스트(Solder Paste)

납땜 작업 시 납땜할 전선에 발라 납이 잘 고착되도록 하는 촉진제 역할을 한다.

납땜용 실 납은 주석과 납의 합성으로 만들어진다.
주석의 함량이 낮을수록 잘 녹지 않는다. 즉, 가격은 저렴하지만 실 납이 녹지 않아 납땜 작업 시 접촉 불량 또는 기판 저항 등의 부품 손상이 발생될 수 있다.
실 납은 경제적 선택보다 안정적 선택이 중요하다.

### 6) 디지털 멀티테스터

전압, 전류, 저항 측정 및 회로구성이 잘되었는지를 확인하는 통전시험에 사용한다.

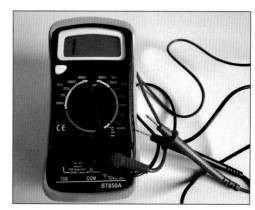

빨강(+), 검정(-) 막대를 프로브라고 한다.

### 7) 와이어스트리퍼

전선 피복을 두께에 따라 제거하거나 전선을 절단할 때 사용한다.

### 8) 니퍼

전선을 자르거나 집게 역할이 필요할 때 사용한다.

### 9) 롱노즈플라이어

깊이가 있는 곳으로 끝을 넣어 작업할 때 사용하거나 집게 역할이 필요할 때 사용한다.

### 10) 핀셋

깊은 곳의 선을 끌어오거나 빠진 나사를 집을 때 필요하다.

### 11) 송곳

### 12) 칼

### 13) 가위

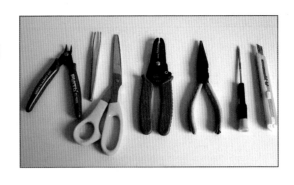

### 14) 케이블 타이

여러 가닥의 전선을 묶어 정리할 때, 부착물을 묶을 때 사용하며 100mm, 150mm, 200mm, 250mm의 길이를 많이 사용한다.

### 15) 순간접착제

### 16) 3M 양면테이프

8~20mm의 폭으로 사용 목적에 따라 폭을 결정하여 사용한다. 너무 넓은 폭보다 8~10mm의 폭이 사용하기에 편리하다. 드론의 여러 부품을 프레임 위에 고정할 때 사용하며 진동을 흡수해 줄 수 있도록 두께가 있어야 한다.

### 17) 전기 절연테이프

드론 제작 실전

### 18) 바이트

여러 종류의 커넥터와 전선의 납땜 등의 작업으로 높은 열이 전도된다. 이때 커넥터를 바이트에 고정시키면 안정적으로 작업을 할 수 있다.

### 19) 배터리 상태 체커

드론에 상용할 배터리의 사용 가능 양을 %로 알려 줄 뿐 아니라 배터리의 전압값(VOLT)과 셀(CELL) 수, 배터리의 종류(예: LIPO) 등의 배터리 정보를 알려 준다.

비행 전 배터리 양의 체크는 필수적이다.
부족한 배터리 양은 사고로 연결될 수 있다.

### 20) 수축 튜브

두 전선을 연결할 때 납땜 작업 전 수축 튜브를 끼웠다가 납땜이 완료된 후 수축 튜브에 라이터 등으로 열을 가해 수축이 이루어져 납땜 부위에 피복이 형성되게 한다.

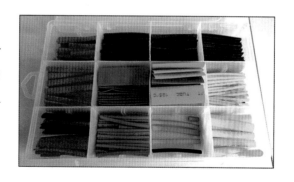

## 21) 충전기

용량이 크지 않은 5000mAh 이하의 Lipo 배터리를 충전할 비교적 저렴한 충전기가 필요하다. 용량이 큰 충전기는 드론의 크기와 배터리의 사양에 맞추어 준비해야 한다.

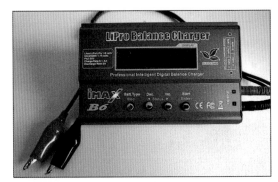

드론에 사용하는 Lipo(Lithium Polymer) 충전식 배터리는 약 150회 정도 반복하여 충전할 수 있다.

## 22) 실리콘 케이블

실리콘 케이블은 연성이 좋은 실리콘 재질의 피복이 덮여 있어 작업이 편리하며 굵기의 단위로 AWG(American Wire Gauge)를 사용하는데 숫자가 작을수록 굵은 심이 들어 있다. 굵기와 허용전류의 관계는 다음과 같다.

AWG - 20 : 12A.    AWG - 18 : 20A.    AWG - 16 : 30A.

AWG - 14 : 45A.    AWG - 12 : 70A.

## 23) UBEC(전압강하장치)를 이용한 5V 전압공급장치

수신기와 조종기를 묶는 작업을 바인딩이라고 한다. 이때 수신기에 5V를 입력해 주어야 수신기가 작동한다. 이 책에서는 주변인이 폐기하려던 2cell-7.4V의 배터리팩을 분리하여 전압강하장치(UBEC)와 JST, 2극 점프케이블을 연결하여 5V가 필요한 여러 곳에 사용하였다.

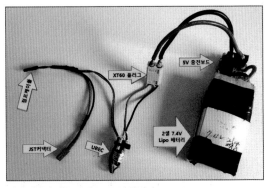

전압강하장치를 거쳐 5V로 강하된다.
수신기의 바인딩 작업 시 주로 사용한다.

### 24) 점프케이블

점프케이블은 F.C.와 수신기 및 여러 장치들과의 연결을 위해 사용되며 1P(단선), 2P(2가닥), 3P(3가닥) 등이 있다.


### 25) JST 커넥터

수신기나 카메라 등에 필요에 따라 전원을 공급하거나 차단할 때 JST 커넥터로 연결하여 전원을 공급 또는 해제하는 등 여러 목적으로 쓰인다.


### 26) 미니 마이크로 JST-SH(2P~ ) 커넥터

암수가 돌출 부위에 의해 연결되는 안전체결 방식으로 만들어져 있는 커넥터로 카메라와 영상송신기와의 연결 등에 사용한다.


### 27) 미니 마이크로 JST-PH(2P~ ) 커넥터

암수의 연결 시 돌출 부위가 없으나 꽂는 단자의 위치가 위 또는 아래쪽으로 치우쳐 체결하는 커넥터 형식으로 GPS와 F.C. 보드의 포트 연결 등에 사용한다.

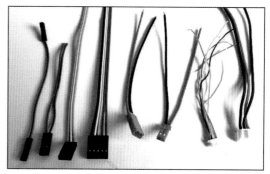

위 사진의 왼쪽부터 듀퐁(Dupont) 점프케이블 1P, 2P, 3P, 5P 그리고 JST 커넥터 암, 수. 오른쪽에서 두 번째는 미니 마이크로 커넥터 JST-PH 6P, 가장 오른쪽은 미니 마이크로 커넥터 JST-SH 3P. 이 외에도 여러 종류의 커넥터들이 사용된다.


이상으로 드론 제작에 필요한 기본적인 공구 및 재료를 소개했다. 위에 나열한 재료 이외에 여러 재료가 더 사용된다. 예를 들면 모터와 ESC를 연결할 바나나 커넥터나 배터리 연결 단자 XT60 플러그 등 부품 구입 시 함께 동봉하는 경우가 대부분이다. 필요 부품의 사용 시 설명하기로 한다.

# 제1장

# 드론(Copter) 부품의
# 개념과 원리 이해

# 01

# 드론(Copter) 부품의 개념과 원리 이해

드론 부품의 기능 및 이해의 정리는 드론의 명령 전달체계의 흐름 순서로 정리한다. 부품과 기능의 순서를 읽어 나가며 머릿속으로 흐름을 그려 보면 드론의 메커니즘(Mechanism)을 이해하는 데 도움이 될 것이다.

## 1) 조종기(TX-Transmitter signal)

드론을 사용 목적에 따라 움직이고자 할 때 스틱 조작으로 조종사가 원하는 목적지로 비행하게 한다.

조종기는 기본적인 비행뿐 아니라 카메라 작동 등 여러 목적 수행을 위한 별도의 스위치들을 사용할 수 있다.

조종기의 가격은 몇만 원에서 몇백만 원까지 매우 다양하다.

이 책에서는 경제성과 효용성을 모두 고려한 가성비가 높은 조종기를 이용한 DIY 과정을 소개할 것이다.

조종기 양쪽 2개의 스틱은 다음과 같은 용어로 사용되며 사진과 같이 콥터가 비행하게 된다.

① 에일러론: 조종기의 오른쪽 스틱을 좌우로 움직이면 드론도 좌우로 명령에 따라 비행한다. 이 스틱을 에일러론(Aileron-A)이라고 한다.

② 엘리베이터: 조종기의 오른쪽 스틱을 전후로 움직이면 드론도 전진 또는 후진한다. 이 스틱을 엘리베이터(Elevator-E)라고 한다.

③ 스로틀: 조종기의 왼쪽 스틱을 위아래로 움직이면 드론이 상승 또는 하강한다. 이 스틱을 스로틀(Throttle-T)이라고 한다.

④ 러더: 조종기의 왼쪽 스틱을 좌우로 움직이면 드론의 코(정면)가 좌우로 회전한다. 이 스틱을 러더(Rudder-R)라고 한다.

앞에 설명한 4가지의 스틱 조작의 조합으로 드론에게 나의 비행 명령을 전달한다. 많은 훈련이 있어야 드론이 내가 원하는 명령대로 움직인다. 작은 실수에도 충돌 등의 사고가 발생할 수 있으므로 충분한 연습이 필요하다. 그리고 앞의 용어 A, E, T, R의 의미와 순서를 기억해 놓아야 한다. 수신기와 F.C.의 회로 연결 시에 순서가 바뀌면 드론이 원하지 않는 방향으로 날아가 버릴 수 있다.

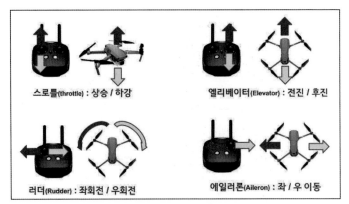

스로틀(throttle) : 상승 / 하강          엘리베이터(Elevator) : 전진 / 후진

러더(Rudder) : 좌회전 / 우회전          에일러론(Aileron) : 좌 / 우 이동

참고: '조종기 모드 2'를 기준으로 한다. 모드는 사용자가 조종기의 매뉴얼에 따라 선택할 수 있다.
(모드 1은 스로틀 스틱을 오른쪽, 모드 2는 스로틀 스틱을 왼쪽에서 조작한다.)

## 2) 수신기(RX-Receiver signal)

조종기에서 보낸 신호(TX-Transmitter signal을 간단하고 구분이 쉽게 사용하고자 하는 의도에서 약자를 사용.)를 수신기가 받아들인다. 수신기는 조종기의 스틱 움직임에 따른 명령값을 전자적 펄스(Pulse) 수치에 따라 A, E, T, R 또는 기타의 명령에 맞는 고유한 값으로 바꾸어 F.C.에 전달한다.

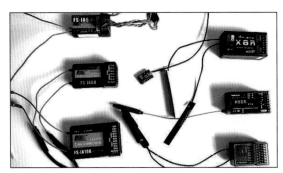

조종기와 수신기 그리고 F.C.(Flight Controller)의 연결 관계는 매우 자세한 설명이 필요하다.
추후 아래 내용을 자세히 설명하기로 한다.

- 조종기, 수신기, F.C.의 신호체계(Protocol)에 관한 사항.
- 조종기, 수신기, F.C.의 부품의 호환성에 관한 사항.
- 수신기, F.C.의 배선 연결에 관한 사항.
- 조종기 세팅 과정.

### 3) F.C. (Flight Controller) 보드

수신기에서 받은 신호를 분석, 처리하는 드론의 두뇌에 해당한다.

F.C. 보드는 내장되어 있는 여러 종류의 센서(Sensor)들의 정보를 종합하여 수신기에서 받은 신호에 맞도록 분석 적용, 비행의 목적을 이룰 수 있도록 하는 장치이다.

F.C. 보드 안에는 아래와 같은 다양한 종류의 센서가 내장되어 있으며 이것들이 정상 작동해야 안정된 비행이 가능하다.

F.C. 보드에 내장된 센서들의 역할은 다음과 같다.

① 자이로 센서(Gyroscope sensor): 시간단위당 롤(Roll)의 회전각도의 측정, 물체가 안정화될 때까지 실제 값을 계산한다. 자이로는 수평상태를 기준으로 기울어진 정도를 측정하므로 단위로 degree/sec를 사용한다. F.C.의 매개변수 값 중에 이 단위를 사용한 것들이 많은데 이것은 초당 기울어지는 각도의 값임을 알고 있으면 이해에 도움이 된다.

② 전자나침반(Compass sensor): 위치에 따른 지구자장의 정도를 특수 소자의 자기저항센서를 이용하여 측정, 방위 등의 위치 정보를 얻는다.

외부용의 전자나침반(Compass)은 별도로 장착하는 GPS에 함께 내장돼 있다. APM과 픽스호크 F.C.는 GPS에 설치되어 있는 외부 나침반 사용을 권장한다.

③ 가속도 센서(Accelerometer sensor): 가속은 단위 시간당 속도를 의미하며 움직이는 물체의 가속도, 진동, 수평 유지 등의 정보를 계측한다.

④ 기압 센서(Barometer sensor): 대기가 누르는 힘, 즉 공기의 압력을 측정하는 센서로 드론이 얼마나 높은 위치에 있는지에 대한 정보를 얻는다.

⑤ 온도 센서(Temperature sensor): 어떤 온도에서 물체의 종류가 다른 두 물질 사이의 길이 변화 차이나 반도체의 저항값의 변화를 온도값으로 환산하여 측정한다.

⑥ 자이로 센서, 가속도 센서, 전자나침반, 기압 센서를 하나의 시스템으로 묶어 관성측정장치(IMU)로 명명하여 사용하기도 한다.

필요에 따라 위에 열거한 것 이외의 센서들을 부착하여 실외뿐 아니라 실내에서도 안정적 비행 및 충돌을 방지하는 드론들이 계속적으로 개발되고 있다.

F.C.는 비행에 필요한 안정화뿐 아니라 조종기로부터 받은 명령을 수행하기 위하여 연산처리를 하고 이 값을 ESC에 전달하여 모터를 구동하게 한다. 또한 외부의 부수적 장치에 연산 처리 된 명령값을 주어 미션(사진촬영, 농약살포 등)을 수행할 수 있게 한다.

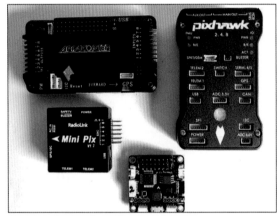

이 책에서는 APM(Ardupilot Mega) F.C.를 이용하여 드론을 제작한다.
APM, 픽스호크, 미니픽스 등 비행프로그램 미션플래너를 사용하는 동일 계열의 F.C. 중
공통분모인 APM2.+ F.C.를 기준으로 하여 설명한다.
픽스호크의 확장이 필요한 경우 추가 설명을 첨가한다.

## 4) GNSS(Global Navigation Satellite System - GPS 종류의 총칭)

위성항법시스템인 GNSS 중 우리가 주로 사용하는 미국이 개발한 것을 GPS(Global Positioning System)라고 한다. 또한, 구소련이 개발한 것을 GLONASS, 유럽에서 개발한 것을 GALILEO라 한다.

GNSS는 지구의 중궤도를 도는 24개의 인공위성에서 발신하는 마이크로파를 GPS수신기에서 수신하여 수신기의 위치 벡터를 산출, 현재의 위치 정보를 얻는 장치이다.

비행프로그램 미션플래너(Mission Planner) 하단에 'sats 숫자'로 표시되어 있으며 이 숫자는 현재 내가 제작한 드론의 GPS가 접촉하고 있는 인공위성의 개수를 의미한다.

GPS는 주로 드론의 상단에 장착하는데 F.C.와 연결하여 4개(정확도가 요구될 때는 6개 이상) 이상의 위성에서 받은 위치 정보를 F.C.에서 연산하여 현재 위치를 파악한다. 또한 GPS와 함께 설치된 외부전자나침반에 의한 방위 정보와 위치 정보를 제공한다.

APM2.+ F.C.의 GPS는 외부 나침반이 있는 Ublox M8N을 사용한다.

## 5) ESC(Electronic Speed Controls)

드론이 일정한 속도의 양력(떠오르는 힘)과 추력(나가는 힘 - 양력과 추력은 항공기에 작용하는 4가지 힘)을 가질 수 있도록 F.C.에서 받은 계산된 신호값을 ESC가 처리, 모터의 회전수를 제어한다. 또한 ESC는 사양에 따라 F.C.에 일정한 전압을 공급해 주는 역할을 하기도 한다. 따라서 모터의 크기와 회전수(KV)에 맞는 허용전류의 ESC를 사용해야 한다. 모터의 지름이 클수록 ESC의 허용전류도 그에 맞춰 큰 것을 사용해야 한다. 모터의 회전수과 토크(회전력)를 감당할 수 없는 ESC를 사용하면 ESC와 모터의 발열로 타 버리는 경우가 발생하기도 한다. 내가 사용할 모터의 추력 실험 표에는 사용 모터의 사이즈와 사용전압 상관관계의 전류값(Current-A)이 주어진다. 이 값보다 적어도 20~30% 큰 전류(A)값의 ESC를 사용하는 것이 안전하다.

일반적으로 레이싱 드론은 20~30A 정도의 미니(무게와 설치 공간을 줄이기 위하여) ESC를 사용하거나 각각 분리된 ESC가 아닌 F.C. 하단에 모든 ESC를 하나의 보드에 집약한 2층 구조의 일체형을 사용하기도 한다.

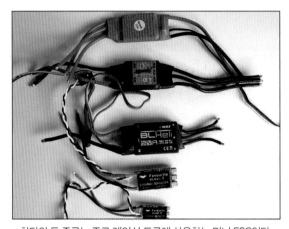

하단의 두 종류는 주로 레이싱 드론에 사용하는 미니 ESC이다.
레이싱 드론은 순간적 토크가 승부를 결정하기에 모터의 토크에 맞는 ESC를 사용해야 하므로 50A의 ESC를 사용하기도 한다.

300~550급의 프레임에 1000KV 내외의 모터에는 20~40A 정도의 일반 ESC를 주로 사용한다.

F.C. 신호를 받아 각 모터의 속도를 제어하는 ESC는 F.C.의 출력단자 3핀에 신호선을 연결하여 사용한다. ESC 켈리(ESC Calibration - 조종기 명령값과 모터의 출력에 대한 최댓값과 최솟값을 인식시키는 과정)를 거쳐 조종기(TX)와 일치된 값을 갖게 되어 적절한 구동력이 발생한다. ESC 제조사마다 켈리를 적용하는 방법이 다를 수 있으며 ESC 켈리 과정 없이 사용하는 제품도 있다.

·ESC 사양 중에 D-Short을 지원한다는 문구가 있는 ESC는 켈리를 실행하지 않고 사용할 수 있다.

·APM F.C.를 사용한 드론 제작 실전에 따른 ESC 켈리 방법과 순서는 다음 장에서 상세히 설명한다.

드론 제작 실전

·모터회전수(KV)와 ESC 용량(A) 그리고 프로펠러의 역학적 관계에 따른 적정 크기의 선택은 뒤
  에서 상세히 설명한다.

서보테스터를 이용하면 조종기를 사용하지 않고 ESC 켈리를 간단히 할 수 있다.
(별도의 서보테스터기를 구입해야 함.)

## 6) 모터(Motor)

F.C.에서 처리된 신호는 ESC에 전달되고 ESC는 받은 값만큼 모터를 구동하게 한다. 이때 모터에
부착된 프로펠러를 회전시켜 양력과 추력을 발생하게 한다.

미니 드론에 주로 사용하는 브러시(Brush - 압착 탄소로 만들어진 브러시를 통해 전원이 모터 중
심의 정류자로 공급되면서 모터의 중심이 회전하는 모터 형식) 모터보다 큰 힘이 필요한 드론에는
브러시리스(Brushless - 브러시를 사용하지 않고 전원을 공급하여 반영구적이다. 코일이 감겨 있
는 모터의 중심은 움직이지 않고 자석이 붙어 있는 바깥이 회전한다. 일명 '통돌이'라고 불린다.) 모
터가 사용되는데 브러시리스 모터는 3선으로 ESC와 연결되며 3선 중 2선을 바꾸면 회전 방향이 반
대가 된다.

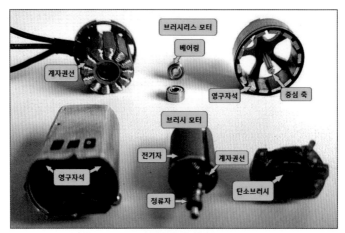

사진의 앞쪽이 브러시, 뒤쪽이 브러시리스 모터의 구조다.
브러시 모터는 중심의 정류자가 회전하는 방식으로 비교적 구동력(토크)은 낮고 회전수는 많은 반면,
브러시리스 모터는 코일이 감겨 있는 중심 고정자의 바깥, 자석이 붙어 있는 통 자체가 회전하여 강한 구동력을 얻을 수 있다.
회전수(rpm)는 브러시 모터보다 상대적으로 적다.
브러시리스 모터는 바깥 통의 원활한 회전을 유지토록 2개의 베어링이 있는데
베어링의 유지가 잘 이루어지면 반영구적으로 사용할 수 있다.

모터에는 규격을 의미하는 숫자가 적혀 있다. 숫자의 의미를 알고 드론에 적절한 모터를 선택하여 사용해야 한다.

① 모터에 사용되는 숫자의 의미: 예를 들어 2212의 앞 두 자리 숫자 22는 모터 내부의 코일이 감긴 고정자의 지름 길이가 22mm임을 뜻하고 뒤의 두 숫자 12는 모터 내부의 코일이 감긴 고정자의 두께가 12mm임을 의미한다.

② 모터에 사용되는 숫자 920KV의 의미: KV(Konstant of Velocity '변함없는 빠른 속도'란 의미로 '킬로볼트'라고 읽지 않고 '케이브이'로 읽는다.)는 모터회전수를 의미하는 표현으로 1V의 전압으로 1분에 920회의 회전이 발생한다는 의미이다.

이 모터에 12V의 전압을 인가하면 12×920=11,040rpm이 된다.

그러나 프로펠러를 장착하면 공기 저항력과 드론의 무게에 의한 중력으로 회전수가 감소한다.

드론 제작 실전

브러시리스 모터의 내경 및 두께가 클수록 분당회전수 KV는 작아진다.
중심을 기준으로 한 힘의 모멘트 관계에서 중심으로부터 멀고 무거울수록
회전수는 줄고 회전을 위한 구동력(토크)은 크게 작용한다.

모터의 회전 방향이나 프로펠러의 회전 방향을 표시할 때
시계 방향을 CW(Clock Wise), 반시계 방향을 CCW(Count Clock Wise)로 표현하여 사용하고 있다.

## 7) PDB(Power Distribution Board)

배터리에서 공급받은 전원을 F.C., ESC, 수신기, 기타 장치에 나누어 주는 배전반 역할을 하며 드론의 몸체인 프레임 중심의 일부로 사용되는 PDB와 프레임 위에 별도의 PDB를 부착하여 사용하는 방식이 있다. 또한 PDB 내부에 BEC(전압강하장치)가 포함된 것과 단지 전압 분배 역할만을 하는 것 등 여러 종류가 있다. 전압 분배 역할만을 하는 PDB는 별도의 BEC를 장착하여 F.C. 및 수신기에 적절한 전압을 공급해 주어야 한다.

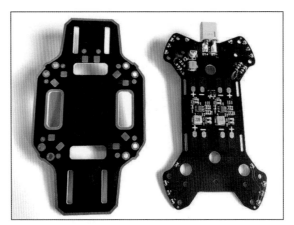

사진의 왼쪽 PDB는 별도의 BEC(전압강하장치)를 장착하여 사용해야 한다.
사진의 오른쪽은 PDB와 BEC를 겸한 보드이다.

## 8) BEC(Battery Eliminator Circuit)

공급되는 전압을 필요한 전압으로 낮추거나 높이는 트랜스 역할(드론에서는 전압을 낮추어 사용하는 용도로만 사용됨.)을 하는 장치로 F.C.와 수신기는 대부분 5V로 낮추어 전원을 공급하고 카메라 VTX(Video Transmitter - 영상송신기) 및 OSD(On Screen Display - 비행정보 표시기)는 사양에 따라 5V 또는 12V를 BEC에서 공급하여 사용한다.

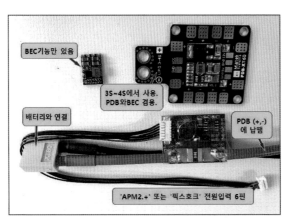

사진 하단의 장치는 APM F.C와 픽스호크에 사용하는 전력공급장치로 모터와 ESC에 전원을 공급하는 역할과 BEC 기능을 겸한다.
오른쪽 빨강과 검정은 PDB의 (+)와 (-)에 각각 납땜하여 모터에 전원을 공급한다.
전압이 강하된 미니 마이크로 커넥터 JST-PH 6P를 F.C.에 꽂게 설계되어 있다.
이 장치로부터 얻은 약 5V의 전압은 F.C. 보드를 작동하게 한다.

드론 제작 실전

## 9) 배터리(Battery)

배터리는 리튬폴리머(Lithium Polymer, 줄여서 LiPo로 표기함.) 배터리를 사용한다. 리포배터리는 방전율이 높아서 순간 고속을 유지해야 하는 드론에 적절하기 때문에 많이 사용하고 있다.

① 배터리의 셀(cell): 전기에너지를 충전 또는 방전해 사용할 수 있는 리튬폴리머 배터리는 기본 단위의 셀을 양극, 음극 그리고 분리막으로 구분하여 구성한다. 셀 수에 따라 사용전압이 달라지며 1셀당 정격전압은 3.7V이다. 완충전압은 4.2V이다.

550급(쿼드콥터의 경우 대각선에 있는 두 모터의 중심 간 거리가 550mm인 것을 콥터의 크기로 사용한다.) 이하의 소형 드론은 보통 2~4셀의 배터리를 흔히 사용하며 미니 드론은 1~2셀, 대형 드론은 6~12셀(6셀 배터리 2개를 동시에 사용하거나 12셀 일체의 묶음 팩 형식 배터리를 사용)을 사용, 드론의 사용 목적에 따라 배터리 전압을 선택한다.

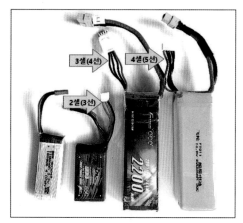

각각의 셀과 셀은 직렬로 연결되어 있으며 충전 시 각각의 셀마다 한 번씩 순차적으로 충전하여
충전의 불균형을 막고(밸런스 충전이라고 함.) 안정성을 확보하기 위하여 셀과 셀 사이에 검정 선이 한 가닥씩 추가된다.
그래서 '셀 수+1' 가닥의 충전 밸런스 선이 있다.

② 배터리 전압(Voltage):

| 배터리 전압 구분 | 셀당 전압 | 비고 |
|---|---|---|
| 정격전압 | 3.7V | 3셀을 주로 사용하는 소형 드론의 경우<br>3셀×3.7V=11.1V의 배터리를 구매. |
| 완충전압 | 4.2V | 3셀을 주로 사용하는 소형 드론의 경우<br>3셀×4.2V=12.6V가 완전충전전압. |
| 적정사용전압 | 3.4~3.5V 이상 | 3셀을 주로 사용하는 소형 드론의 경우<br>3셀×3.5V=10.5V 이상으로 사용하는 것이 좋다. |
| 최대방전전압 | 3.2V | 3셀을 주로 사용하는 소형 드론의 경우<br>3셀×3.2V=9.6V로, 이 전압 이하로 유지되는 경우 배터리가 손상되어<br>배부름현상이 발생, 사용불능 상태가 될 수 있음에 주의한다. |

$$정격전압(3.7V) = \frac{완충전압(4.2V) + 최대방전전압(3.2V)}{2}$$ 로 호칭의 의미가 강하다.

③ 배터리 용량(Capacity): Lipo 배터리의 용량은 mAh의 단위를 사용하며 1000단위만큼 소수점을 옮기면 Ah로 환산된다. mAh의 숫자가 클수록 사용 시간이 길어지지만 배터리의 무게도 비례하여 무거워진다. 배터리 선택 시 모터의 크기와 드론의 양력과 추력을 고려한 용량을 선택해야 한다.

보통 220~450급의 프레임의 경우 2200~5000mAh를 많이 사용하며 농사용 드론의 경우 무거운 약재 등을 들어 올려 살포해야 하므로 18000mAh(22.2V)×2개~22000mAh(22.2V)×2개를 주로 사용한다.

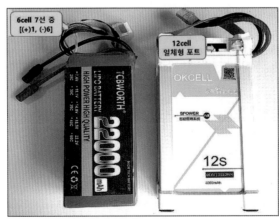

농사용으로 사용하는 대형 드론의 배터리로 왼쪽은 6셀 분리형(200×90×60(mm)),
오른쪽은 12셀 팩 일체형으로 12셀 충전 포트가 배터리 내부에 있고 고무 덮개로 방수를 고려했다.

드론 제작 실전

④ 배터리 방전율(Capacity Rate): 배터리 방전율의 단위로 C를 사용한다.

배터리는 드론의 모터 및 여러 부품이 요구하는 전류의 양을 안정적으로 일정하게 보내 주어야 한다. 그렇지 않으면 부족한 전류량을 대신한 전압이 상대적으로 높아지는데 배터리 셀 수에 따른 전압은 일정하므로 전류의 양을 늘리는 방법을 선택한다. 이때 배터리의 허용 방전율만큼 부족한 전류량을 보충한다. 그러나 너무 급속한 방전이 요구되는 경우 배터리 자체의 저항값 상승 및 과열로 배터리와 부품들이 소실될 수도 있다.

또한 방전율이 높아지는 비행을 하면 배터리의 소진율도 빨라져 비행시간이 그만큼 짧아진다.

20~50C를 많이 사용하지만 레이싱 드론의 경우 100C가 넘는 방전율을 사용하기도 한다.

C(Coulomb)은 도선 사이를 움직이는 전하의 양에 관한 단위이다.
쿨롱(C)과 전류(A)는 비례관계로 1A(Ampere)의 전류는 초당 도선의 단면을 6.25×10$^{18}$개의 전자가 지날 때의 전류의 세기이다.
이 전하의 세기 C와 배터리 방전율(Capacity Rate)은 의미가 다르다.
방전율은 기본 방전량 1(Capacity)을 기준으로 몇 배에 해당하는지 비율(Rate)을 나타낸 것이다.

⑤ 배터리 사용 시 주의사항:

(1) 충전 시 관찰 가능한 상태에서 충전하자. 불량 배터리는 발열로 화재가 날 수 있다.

(2) 사용 직후 곧바로 충전하지 말아야 한다. 사용 직후 배터리는 발열이 있는 상태이므로 바로 충전하면 배터리 손실 및 화재 발생의 염려가 높아진다. 충분히 식히고 충전하는 것이 좋다.

(3) 자동차 안처럼 온도 상승 변화가 많이 이루어지는 곳에 두면 폭발 위험성이 있다. 배터리는 -10~40℃에서 사용하고 영하 10℃보다 낮은 온도에서 사용하면 완전방전현상으로 배터리를 사용하지 못하는 손실이 발생할 수 있다. 배터리는 그늘, 상온에서 보관해야 한다.

(4) 손상된 배터리를 버릴 때는 소금물에 넣어서 남아 있는 전기성질을 완전히 상실하게 한 후

분리배출 해야 한다. (가스가 발생하므로 실외에서 실행한다.)

## 10) 카메라(Camera)

카메라는 드론의 사용 목적에 따라 기능과 가격이 천차만별이다.

화소, 줌, 화각, 센서 감도, 렌즈의 정도뿐 아니라 열화상 등의 특수 기능 여부에 따라 가격이 몇만 원에서 몇천만 원대에 이른다. 전문적인 영상이 꼭 필요한 단계 전에는 부담 가지 않는 범위 내에서 접근하는 것이 좋다.

가성비를 고려한 레이싱용 드론의 카메라는 무게가 가벼운 FPV(First Person View - 일인칭 관찰자 시점) 전용 카메라로 700TVL(TV-Line: TV 수평라인 해상도라는 의미로 약 50만 화소)~1200TVL(약 80만 화소)을 흔히 사용하고 카메라의 무게 및 공간 사용이 가능한 프레임의 경우에는 별도의 액션 캠 등을 짐벌(Gimbal - 화면 흔들림을 보완한 장치)에 부착하여 사용하기도 한다.

사진 하단의 두 카메라는 레이싱 드론과 같이 카메라를 장착할 드론의 공간이 좁을 때 주로 사용한다.
상단의 카메라는 액션 캠으로 드론에 부착하여 사용하기도 한다.

## 11) 영상송신기(VTX - Video Transmitter)

카메라에서 찍은 영상을 지상에 보내는 장치가 영상송신기이다. 주로 32CH(채널)과 48CH을 사용한다.

드론의 카메라에서 찍은 영상은 드론에 부착된 영상송신기에 보내지고, 영상송신기는 지상에 있

드론 제작 실전

는 영상수신기로 주로 5.8GHz의 주파수를 사용하여 신호를 보낸다. 보낸 영상신호를 받아볼 수 있는 거리는 밀리와트(mW)의 숫자가 클수록 길어지기는 하지만 전파법에 저촉되지 않는 범위 안에서 사용하는 것이 바람직하다.

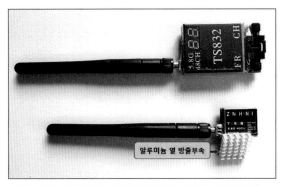

VTX는 영상송출을 위하여 여러 개의 채널을 구동해야 한다.
그래서 기기 자체에서 열을 많이 방출한다.
이 열을 효과적으로 발산시켜 VTX의 손상을 방지하기 위해 알루미늄의 열 방출판을 부착하여 사용하기도 한다.

## 12) 영상수신기(VRX - Video Receiver)

영상송신기가 보낸 신호를 받아 화면에 나타나게 하는 장치로 스크린이 있는 고글에 포함된 경우와 별도의 모니터로 연결하여 화면을 띄우는 장치 등이 있다. 영상 송신기와 수신기는 서로 타사의 제품인 경우에도 사용하는 주파수가 같으므로 호환이 가능하다.

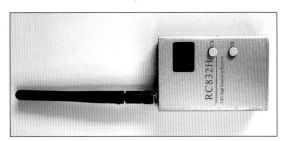

전파는 국가 관리 항목이다.
전파를 개인이 바람직하지 않게 사용한다면 많은 다중에게 피해를 줄 수 있기 때문이다.
이것을 법적으로 관리하는 것을 전파법이라고 한다.
영상송신기(VTX)는 대부분 5.8GHz의 전파를 이용하고 드론 조종기의 경우 2.4GHz를 주로 사용한다.
이 두 주파수는 비면허 소출력 주파수이기는 하지만 WiFi와 같이 많은 사람들이 이 주파수를 공용으로 사용하고 있다.
이것은 임의적으로 조종기나 VTX의 출력을 과하게 높이면 다른 사용자에게 피해가 유발될 수 있다는 의미이다.

### 13) OSD(On Screen Display)

비행에 대한 여러 정보(배터리 잔량, 드론의 고도, 홈 위치의 거리, GPS의 수신도, 드론의 진행 방향 등을 선택하여 사용할 수 있음.)를 드론에 부착한 영상수신기로부터 받아 영상 화면에 표시하여 비행의 안전을 확보하도록 유도하는 장치이다.

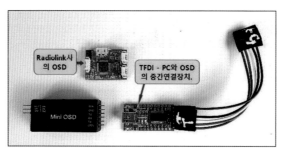

사진 아래의 왼쪽은 일반적인 OSD이고, 오른쪽은 이 OSD와 컴퓨터를 연결하여
OSD 프로그램 파일을 펌 업 할 수 있게 하는 중간 장치 TFDI이다.
사진의 위쪽은 Radiolink社가 제작한 OSD로 아래와 같이 중간 장치 TFDI를 사용하지 않고 펌 업이 가능한 제품이다.

OSD와 TFDI의 배선관계 및 PC에서의 펌 업 과정은 매우 복잡하다.
일단은 중간 장치 TFDI를 사용하지 않고 펌 업이 가능한 Radiolink社가 제작한 OSD 사용을 권장한다.

드론 카메라가 보내는 영상 위에 OSD에 의한 드론의 정보가 영상모니터에 표시되고 있다.
화면에 비행모드, 배터리 전압, GPS 상태, 방향, 고도, 거리, 시간 등이
표시되고 있다. 이 같은 정보는 필요에 따라 선택할 수 있다.

### 14) 영상수신 모니터(VRX Monitor)

드론의 카메라가 잡은 영상은 안전한 비행을 위한 목적뿐 아니라 안전진단, 인명 확인, 화면의 구성 등 여러 목적으로 사용된다. 이때, 보다 정확하고 만족할 영상을 확보하기 위해 모니터는 필

수적이다.

영상수신 모니터는 모니터에 영상수신기(VRX)를 연결하여 사용하지만 영상수신기와 모니터가 일체형으로 된 고글 형식도 사용한다. 고글 형식은 레이싱 드론에 주로 사용한다.

사진 위의 모니터는 버려진 카메라 다리에 모니터를 부착하여 이동과 설치가 쉽게 활용했다.
뒷면에 배터리와 영상수신기를 부착하여 사용한다.
사진의 아래는 고글 형식의 모니터로 영상수신기 및 배터리가 일체형이다.

모니터와 영상수신기의 연결 관계는 뒤에서 상세히 설명한다.

## 15) 프로펠러(Propeller)

프로펠러는 모터의 중심에 체결하며 CW(Clock Wise - 시계 방향)형과, CCW(Count Clock Wise - 반시계 방향)형이 한 세트로 사용된다. 프로펠러는 모터의 힘을 받아 양력과 추력을 발생시키므로 모터의 토크와 회전수, 프레임의 크기 등을 고려해서 선택해야 한다. 또한 모터의 회전수와 토크를 받아 줄 ESC의 용량(A)도 충분히 고려해야 한다. 프로펠러는 이러한 요소들과의 관계가 조화로워야 ESC 및 모터의 발열 이상이 발생하지 않는다.

프로펠러의 상단에는 숫자가 적혀 있다. 이 숫자에 대한 정보를 정확하게 이해하고 사용해야 한다.

예를 들면 1045(숫자에 대한 단위는 인치이다. 1″(Inch)≒2.54cm)일 때 앞의 10은 지름의 길이가 10인치(10″×2.54≒25.4cm), 뒤의 숫자 45는 뒤에서 앞으로 한 자리의 소수점을 옮겨, 피치를 의미하는 숫자로 사용하며 프로펠러가 1회전 할 때 추진되어 나가는 거리(손실이 전혀 없는 상태를 가정한다.)를 의미한다. (4.5″×2.54≒11.43cm의 추진력이 발생한다는 의미.)

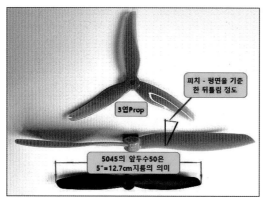

사진 하단의 45는 피치 4.5인치를 의미한다. 이것은 프롭이 1회전 할 때(4.5″≒11.43cm) 추진하여 나가는 거리를 말한다.
사진 중간의 피치는 뒤틀림의 정도와 비례를 의미하기는 하지만
프롭 위의 숫자는 뒤틀림의 각도와 같은 직접적인 수치를 나타내는 것은 아니다.

프로펠러(Propeller)를 줄여 프롭(Prop)으로 표기하기도 한다.
프롭 크기의 결정은 프레임 크기, 모터의 크기, ESC의 용량과 상관관계에 있다.
한편, 프롭은 진동 발생의 원인을 제공하기도 한다.
프롭에 의한 진동 발생 시 밸런싱(balancing) 작업이 요구된다.

〈항공기에 작용하는 4가지의 힘〉
• 양력(LIFT) - 항공기가 공중에 부양하려는 힘.
• 추력(THRUST) - 동력에 의해 프로펠러가 회전하여 나아가려는 힘.
• 항력(DRAG) - 추력에 상반된 힘으로 공기 저항에 의한 힘.
• 중력(WEIGHT) - 지구의 인력에 의해 지구의 중심으로 향하는 힘.

추력과 항력이 같으면 평형 상태를 이루며 일정한 속도를 유지하며 순항한다.

## 16) 프레임(Frame)

드론 프레임의 크기는 장착될 모터의 중심들 간의 거리 중 한쪽 모터 중심에서 대각선의 다른 쪽 모터 중심까지의 거리를 mm의 단위로 결정한다.

사진과 같이 프레임의 크기를 mm로 결정하며 mm를 줄여 '급'이라는 표현으로 간단히 사용하기도 한다.
예를 들면 대각선 길이가 230mm이면 230급으로 표현한다.

드론 프레임은 견고한 재질로 돼 있어야 한다. 프레임은 자체 무게뿐 아니라 비행시간을 좌우하며 무게의 비중이 상대적으로 큰 배터리의 무게를 감당해야 한다.

드론의 크기가 커질수록 모터의 크기와 프로펠러의 크기 또한 비례적으로 커질 수밖에 없기에 이를 감당할 모터의 회전 속도에 대한 프로펠러에 작용하는 항공기의 4가지의 힘(양력, 항력, 추력, 중력)을 이겨낼 견고성이 요구된다.

프레임은 배터리의 무게뿐 아니라 드론의 여러 용도에 따른 적절한 공간도 확보되어야 한다.

일반적으로 레이싱용은 민첩성을 요구하기 때문에 200~270mm를 많이 사용하며, 촬영용으로 사용하고자 할 때는 해상도를 고려한 카메라 및 기타 장치 등의 부품이 들어갈 공간의 확보를 고려하여 450mm 이상을 다양하게 사용한다.

DIY가 아닌 경우에는 F.C.와 카메라 등의 부품을 일체형으로 설계하여 공간을 줄여 부피를 작게 한다.

드론의 공간 확보는 기체의 크기를 좌우한다. 이것은 제작비용과도 관계될 수 있다. 요즘은 기술의 다변화로 수 mm의 드론이 프레임 일체형으로 만들어지거나 비행방식이 프롭이 아닌 새와 곤충의 날개와 몸체를 닮은 모양으로 개발되기도 한다.

　드론의 프레임은 모터와 프롭을 장착할 수 있는 암(Arm - 모터를 장착하는 팔.)의 개수에 따라 다음과 같이 구분한다.

프레임은 부분적 구조를 조립해서 사용하는 어셈블리(Assembly)로 구성되어 있으며 프레임 선택 전 드론의 용도를 먼저 구상하고 용도에 맞는 프레임의 선택과 함께 F.C. 보드 및 기타 부품 배치를 고려한 프레임을 선택해야 한다.

# 모터 수에 따른 콥터의 명칭과 회전 방향 및 F.C.의 연결 관계

| 암의 개수 | 콥터 명칭 | F.C.와 ESC의 연결번호 | 모터 회전 방향 | 비고 |
|---|---|---|---|---|
| 3 | <br>트라이콥터 Tricopter | ② ⇧ ①<br>④ | ①, ②, ④ 모두 반시계(CCW) 방향.<br>(사진의 청색은 반시계 방향임.) | 각각의 숫자는 F.C.의 OUTPUT 단자에 해당 숫자의 ESC 단자를 맞추어 꽂아 주어야 한다. |
| 4 | <br>쿼드콥터 Quadcopter | ③ ⇧ ①<br>② ④ | ①, ②는 반시계(CCW), ③, ④는 시계(CW) 방향.<br>(사진의 연두색은 시계 방향, 청색은 반시계 방향임.) | 각각의 숫자는 F.C.의 OUTPUT 단자에 해당 숫자의 ESC 단자를 맞추어 꽂아 주어야 한다. |
| 6 | <br>헥사콥터 Hexacopter | ③ ⇧ ⑤<br>② ①<br>⑥ ④ | ①, ③, ⑥은 CW, ②, ④, ⑤는 CCW.<br>(사진의 연두색은 시계 방향, 청색은 반시계 방향임.) | 각각의 숫자는 F.C.의 OUTPUT 단자에 해당 숫자의 ESC 단자를 맞추어 꽂아 주어야 한다. |
| 6 | <br>Y형 헥사콥터<br>(트라이형헥사) | ②/③ ⇧ ⑤/①<br>⑥/④ | 이중구조로 하단을 먼저 선택하여, ①, ③은 CCW, ④는 CW이고 상단의 ②, ⑤는 CW, ⑥은 CCW. | Y형 헥사콥터는 각 암에 상, 하 2개의 모터와 프롭이 각각 동시에 장착된 형태이다. |
| 8 | <br>옥타콥터 Octocopter | ⑤ ⇧ ①<br>⑦ ③<br>⑥ ⑧<br>② ④ | ①, ②, ⑦, ⑧은 CW, ③, ④, ⑤, ⑥은 CCW.<br>(사진의 연두색은 시계 방향, 청색은 반시계 방향임.) | 각각의 숫자는 F.C.의 OUTPUT 단자에 해당 숫자의 ESC 단자를 맞추어 꽂아 주어야 한다. |
| 8 | <br>쿼드형 옥타콥터 | ②/⑤ ⇧ ①/⑥<br>③/⑧ ④/⑦ | 이중구조로 하단을 먼저 선택하여, ⑤, ⑦은 CCW, ⑥, ⑧은 CW이고 상단의 ①, ③은 CCW, ②, ④는 CW. | 쿼드형 옥타콥터는 각 암에 상, 하 2개의 모터와 프롭이 각각 동시에 장착된 형태이다. |

그림의 화살표는 F.C. 보드의 전면(FORWARD)과 같은 방향이어야 한다. 사람의 탑승이 가능하게 개발되고 있는 헥사콥터형 도데카콥터(Dodecacopter - 6개의 암에 모터와 날개가 12개인 드론)의 형식도 있으나 APM과 픽스호크 F.C.에서는 취급하지 않고 있다.

이 관계 표는 드론 제작 실전에 매우 중요한 사항이다. 주어진 표의 순서를 지키지 않으면 드론은 날지 못한다.

## 17) 텔레메트리(Telemetry)

텔레메트리는 일반적으로 지상용(Ground)과 공중용(Air), 한 세트로 구성되지만 구분이 없는 것도 있다. 텔레메트리는 드론의 F.C.와 컴퓨터(GCS)로 작동 중인 비행프로그램, 미션플래너와의 연결을 MAVLink 무선통신방식으로 원거리 통신한다. 텔레메트리로 드론 상태 정보를 확인할 수 있고 컴퓨터에서 드론에 변숫값을 주어 비행 중에도 드론의 상태 변화를 유도할 수도 있다.

드론과 비행프로그램 미션플래너와의 통신 방법은 USB 케이블을 이용하거나 텔레메트리를 이용한다. 이 두 가지 방법의 장점과 단점은 아래 표와 같다.

| 통신 방법 | 장점 | 단점 | 기타 |
|---|---|---|---|
| 텔레메트리 | 드론과 컴퓨터의 거리가 비교적 멀더라도 정보의 교환이 이루어진다.<br>크기가 비교적 큰 드론의 교정 작업(Calibration)에 편리하다. | 통신 속도가 상대적으로 느린 편이며 통신 에러(error) 발생 가능성이 있다. | 미션플래너에서 원거리 통신 속도값을 57600으로 선택하여 사용한다.<br>(USB 케이블 통신 속도의 ½에 해당하는 속도이다.) |
| USB 케이블 | 통신 속도가 빠르며 드론 상태에 대한 정보가 지체 없이 전달되어 문제 처리를 속도 지연 없이 할 수 있다. | 케이블 길이의 한계가 있어 교정 작업 시 줄의 꼬임 및 빠짐이 발생하기도 한다. | 미션플래너에서 통신 속도값을 115200으로 선택한다. |

지상용은 컴퓨터에 꽂고 공중용은 F.C. 상단의 'Telem'으로 표기된 곳에 미니 마이크로 커넥터 JST-PH 5P를 꽂는다.

지상용과 공중용의 구분이 없는 것도 있다.

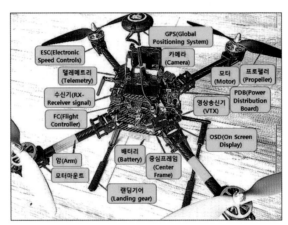

드론(Quadcopter) 구성 부품 및 구조

Frame-550(mm), 랜딩기어 포함./Motor-5010, 750KV(4EA)./ Prop-1245(CW-2EA, CCW-2EA)./Battery-7600mAh, 14.8V, 4S.
ESC-40A(4EA)./GPS-Ublox M8N/수신기-R9DS.
그 밖의 부품 PBD-BEC 겸용./액션 캠 카메라./텔레메트리./OSD./영상송신기.

앞에서 설명한 부품들을 이용하여 촬영용 드론을 제작한 것이다.
각각의 부품이 어느 위치에 사용되고 있는지 확인하고 기억하기 바란다.

GPS는 F.C.와 적어도 약 10cm 이상 거리를 두어야 한다.
상호 방해 전파로 드론의 호버링(Hovering – 드론이 일정 고도와 위치를 유지) 불량이 발생할 수 있다.

# 부품 선택

제2장부터는 직접 제작할 드론 부품에 대해 설명한다.

　선택할 부품의 필요한 정보와 비교되는 부품들 그리고 기술적인 접근을 위한 간단한 계산 및 용어 해석 등 선택에 필요한 전반적 정보를 동원하여 설명한다. 다소 생소한 내용도 있고 싫은 계산도 있다.

　이 책을 통해 드론 DIY 제작에 첫걸음을 시작하는 사람들도 있을 것을 염두에 두고 최대한 쉽게 풀어 설명한다.

　큰 부담 없이 편안히 내용을 숙지하며 따라오면 자신이 완성한 드론이 푸른 하늘을 안전하게 비행하는 결과를 보게 될 것이다.


　드론 제작에 필요한 부품은 거의 비슷한 기능이라도 가격 차이가 큰 편이다. 성공의 확신이 없는 상태에서 처음부터 부담스러운 가격으로 시작하기는 불편할 것이다. 그래서 제1장에서 언급했듯이 되도록 경제적이고 가성비가 높은 부품들을 선택하여 제작, 완성을 이루어 충분한 만족에 이르게 하려 한다. 이후 높은 버전의 추가는 본인의 결정이다.

드론 제작 실전

# 01

**APM F.C.**
**(Flight Controller)**

APM과 픽스호크 F.C.는 드론만을 위한 부품이 아니다. 이 F.C.는 자동차, 헬기, 글라이더 등 자동 시스템이 요구되는 곳의 컨트롤러(Controller)로 사용되며 시간의 경과에 따른 발전으로 버전의 진화도 계속 진행 중이다.

교재에서 사용할 APM 2.8은 완전한 오픈소스 자동조종 시스템으로 APM 2.6과 모든 센서가 일치하며 외부 나침반은 물론 점퍼를 꽂아 내장된 내부 나침반을 사용할 수 있게 되어 있으나 외부 나침반 사용을 권장한다. APM F.C.는 GPS를 장착하여 자동항법이 가능하며 아두이노(Arduino)와 호환이 가능하다. 그러나 여러 매개변수 과정을 거쳐야 정상 사용이 가능하다는 까다로움도 있다. (픽스호크도 동일.)

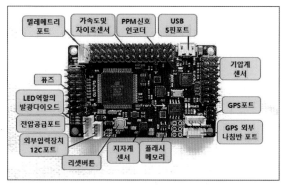

(사진1)

APM F.C.를 이용하여 드론을 제작하기 위해서는 구조와 사용 방법에 관한 세부적인 이해가 필요하다.

# 드론(Quadcopter)의 두뇌 역할
# - APM F.C.의 결선 구조

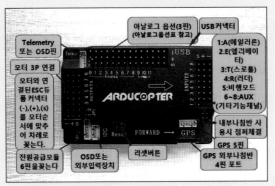

무게 - 약 35g

사진1은 이 사진에서 겉 케이스를 제거한 것이다.
사진1과 이 사진을 동시에 관찰하며 이해하기 바란다.

## 1) 전력공급포트(Power Port)

사진의 왼쪽 하단의 전력공급포트는 미니 마이크로 커넥터 JST-PH 6P를 이용하여 꽂게 되어 있다.

APM2.+ F.C.에 약 3.5~5.3V 전압을 직접 공급하는 전력공급 모듈에서 나온 6P 커넥터를 포트에 꽂아 사용한다. F.C. 내부 회로 용도에 따라 사용전압이 일정하지 않은 특징이 있다. 전력공급 모듈은 APM2.+와 픽스호크에 공용으로 사용할 수 있다.

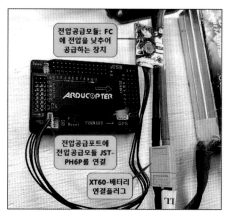

미니 마이크로 커넥터 JST-PH 6P와 전력공급 모듈의 연결을 관찰해 두어야 한다.
모듈을 중심으로 아래쪽은 배터리와 연결되고 위쪽은 PDB에 납땜을 해야 한다.
이 장치는 별도의 부품으로, APM으로부터 파생되어 개발된 어떤 F.C.는
편리성을 고려한 전압강하장치를 별도로 개발하여 사용하고 있다.

## 2) OUTPUTS - Motor Setup 3핀 단자

① Motor Setup 쪽의 'OUTPUTS' 3핀 단자: 사진의 왼쪽 'OUTPUTS(출력)'라고 되어 있는 곳은 모터와 연결된 ESC의 3선 커넥터를 꽂는 곳이다. 숫자를 관찰해 보면 1~8까지 있으며 이것은 최대 8개의 모터를 사용하여 드론을 제작할 수 있다는 의미이다.

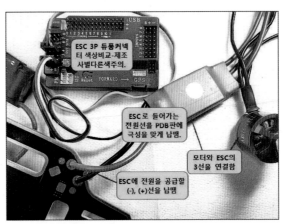

ESC의 3선과 연결하는 모터의 3선은 납땜하여 직접 연결하지 않는다.
각각의 부품에 암, 수로 구성된 바나나 커넥터를 납땜하여 선끼리의 결속을 간단히 변경할 수 있도록 하기 위해서이다.
이것은 모터의 회전 방향을 바꾸려면 배선을 바꿔야 하기 때문이다.

② 극성과 전선의 색깔 구분: 사진의 왼쪽 하단에 '(-), (+), (s)'는 극성을 의미한다는 것을 짐작으로 알 수 있을 것이다. 극성에 맞추어 커넥터를 꽂아야 함은 당연하다. 그런데 여기에 꽂아야 할 ESC에서 나온 3가닥의 선 색깔이 한국의 표준과 다를 수 있다. 한국은 검은색 선 (-), 빨간색 선 (+), 신호(Signal)는 흰색 또는 노랑 등 기타 색으로 구분한다. 그러나 체결할 ESC 듀퐁 점프커넥터 3색 선은 이와 달리 진한 밤색(Dark Brown)이 (-), 빨강은 (+), 오렌지색(Orange)이 신호(S)(제작사마다 다를 수 있다.)이다. 여기서 주의할 점은 극성에 맞지 않게 커넥터를 꽂으면 모터가 회전하지 않는다는 것이다. 정확하게 확인하고 연결해야 한다.

③ OUTPUTS 3핀 단자의 숫자 순서: OUTPUTS 3핀 단자에 ESC 커넥터를 꽂는 순서는 제1장의 '모터 수에 따른 콥터의 명칭과 회전 방향 및 F.C.의 연결 관계'의 표를 보고 자신이 선택한 콥터의 형식에 맞는 순서대로 체결해 주어야 한다. 순서가 지켜지지 않는 경우 모터의 회전은 이루어지지만 이륙과 동시에 드론이 뒤집히는 사고가 발생하거나 조종자의 의지와는 다른 방향으로 날아가는 일이 발생한다.

### 3) INPUTS - 수신기 Setup(PWM 신호 연결) 3핀 단자

① 수신기 PWM 신호 'INPUTS' 3핀 단자: 사진의 우측 3핀 단자와 수신기의 3핀 단자를 3선 듀퐁

드론 제작 실전

점프커넥터로 연결하여 사용한다. 연결 시 극성을 잘 확인하고 연결한다. APM F.C.에서 점프케이블을 통해 수신기로 약 5V의 전압을 보내어 수신기를 작동하게 한다. 극성이 다르게 체결되면 수신기 고장이 발생할 수 있다.

APM F.C.의 INPUTS에 1~8까지의 숫자가 적혀 있다. 이것은 최대 8채널(Channel - 줄여서 CH로 사용.)까지 사용할 수 있다는 뜻이다. 여기서 채널의 의미는 조종기에서 보내는 각기 독립된 미션에 해당하는 고유 신호(PWM)를 수신기를 통해 APM F.C.가 처리하는 통로가 8가지 즉, 8CH까지 사용 가능하다는 의미이다.

② 수신기와 연결하는 INPUTS 8채널 숫자의 고유 역할: 드론이 날기 위해서는 기본적으로 4CH이 필요하다. 앞서 제1장의 '조종기(TX)'에서 설명했듯이 1-A, 2-E, 3-T, 4-R에 APM F.C.와 수신기의 1, 2, 3, 4가 자동으로 배정된다. 이 순서를 지키지 않으면 드론은 조종자의 의지와 다르게 비행하여 사라질 것이다. 다음 순서인 5는 비행모드로 사용된다. 이것도 자동배정이다. 남은 6~8까지 3가지의 CH은 드론 제작을 통해 목적한 미션을 수행하기 위해 할당하면 된다. 예를 들면 카메라에 릴레이(Relay)를 설치하여 카메라 각도 조절을 위한 채널로 사용하거나 농사용 드론이라면 펌프를 작동하게 하여 약을 살포하는 미션을 수행하는 등 목적한 임무를 위해 필요 스위치에 할당하여 사용할 수 있다.

사진의 위쪽에 있는 것은 수신기이다.
수신기와 APM F.C.의 3선 점퍼의 연결 전에 수신기는 조종기와 바인딩(Binding) 작업을 해야 한다.
바인딩하지 않은 수신기를 F.C. 보드와 체결하면 교통하지 않는다.
(수신기 바인딩에 관한 것은 뒤에서 설명한다.)

### 4) GPS 포트

GPS를 사용하려면 APM F.C. 사진 오른쪽 아랫부분에 미니마이크로 커넥터 JST-PH 5P를 꽂는 포트와 그 위치의 하단 측면에 4P를 꽂는 포트가 있다. 비교적 신형에 해당하는 M8N 형의 GPS의 경우는 GPS와 함께 장착된 외부 전자 나침반을 사용하는 것이 더 정확한 데이터를 얻을 수 있어 비행프로그램 미션플래너에서도 외부 나침반 사용을 권장하고 있다. 그러나 GPS에서 나온 전선이 외부 나침반을 사용할 수 없는 예전 버전의 경우에는 5핀 미니마이크로 커넥터만 있고 측면에 꽂는 4핀 미니마이크로 커넥터는 없는 것이 있는데 사진의 오른쪽 2핀 3줄 중 밑의 2핀을 점퍼 핀으로 묶고 5핀 커넥터만 사용하여 F.C. 보드에 장착된 내부 나침반만을 사용해야 한다. 이때 나침반 오류의 발생이 염려된다.

**GPS 5P 각 극의 성질**

| 왼쪽부터 오른쪽 순서 | 극성 | 전선의 색상 | 비고 |
|---|---|---|---|
| 1 | VCC | 빨강 | (+) |
| 2 | TX | 노랑 | (s) |
| 3 | RX | 녹색 | (s) |
| 4 | 사용하지 않음 | 없음 |  |
| 5 | GND | 검정 | (-) |

GPS 측면 4P 포트는 좌로부터 우로 순서대로 2번(주황색), 3번(흰색)만을 사용하고 1번과 4번은 사용하지 않는다. GPS 포트에 커넥터를 꽂다 빼기를 여러 번 해야 하는 경우가 있다. 이때 선 가닥이 빠져 곤란한 경우가 발생기도 한다. 이 표를 잘 기억하고 보수 시 처음 위치를 찾아 준다.

APM F.C.의 나침반은 내부 나침반과 외부 나침반을 동시에 사용하지 않는다.

APM 2.6 이상은 외부 나침반을 사용한다.
내부 나침반을 사용할 경우 내부 보드가 여러 센서들과 외부 부품들의 전자파 교란으로 정확도에 문제가 발생한다.

### 5) 텔레메트리 또는 OSD 포트

APM F.C. 사진의 왼쪽 상단을 관찰해 보면 'Telem'이라고 쓰여 있는 5P 포트가 있다. 이는 위에서부터 아래의 순서로 1 - GND(-), 2 - 사용 안 함, 3 - RX, 4 - TX, 5 - VCC(+)를 연결하여 사용할 수 있다.

APM F.C.와 연결된 USB 케이블은 F.C. 보드에 5V 전원을 공급하기 위하여 사용되었다.

제1장에서 설명한 무선통신방식으로 원거리에 있는 드론 상태에 대한 정보를 확인하거나 컴퓨터(GCS)에서 드론에 변숫값을 주어 드론의 변화된 상태를 유도하고자 할 때 이 포트에 에어용 텔레메트리를 꽂아 사용한다.

또한 펌 업이 이루어지고 카메라 및 영상송신기(VTX)와 정상적인 회로로 구성된 OSD를 역시 이 포트에 꽂아 사용할 수도 있다. OSD의 펌 업 과정과 카메라 및 송신기의 회로 연결 방법에 관한 사항은 다소 복잡한 내용들이 있어 별도의 공간에서 보다 자세하게 설명한다.

### 6) USB 포트

APM F.C.는 드론의 두뇌 역할을 담당하고 있다. 그러나 APM F.C.에 비행프로그램(copter3.2.1)을 펌 업 시키지 않으면 사용이 불가능하다. 비행프로그램을 미션플래너를 통해 입력하기 위해서 컴퓨터와 APM F.C.를 연결해야 한다. 연결 방법에는 두 가지가 있다. 한 가지는 바로 앞에서 설명한 텔레메트리를 이용하여 컴퓨터(GCS)와 교신하는 방법과 다른 하나는 USB 케이블의 유선을 이용하는 방법이다. 이 USB 케이블의 5핀을 꽂는 곳이 사진 상단 오른쪽이다. USB 케이블을 꽂으면 APM F.C.에 자동으로 5V가 공급된다. (주로 프로그램 작업 시 사용.)

## 7) 외부입력 I2C 포트

MUX(Multiplexer)의 기능으로 한 개의 포트에 UART 0, UART 2 및 OSD(위에서부터 아래의 순서로 1 - VCC, 2 - TX, 3 - RX, 4 - GND로 출력되며 OSD의 VCC - 1, RX - 2, TX - 3, GND - 4와 연결하여 I2C 4핀으로 사용할 수 있다.)를 사용할 수 있으며 기본출력 등 여러 개의 데이터 통신이 가능한 포트이다. 그러나 실제로 이렇게 사용하려면 픽스호크처럼 포트 정렬장치를 중간에 연결해야 한다. 이곳에 OSD를 꽂아 사용할 수 있다.

## 8) 여러 옵션(Optionals setup)장치를 위한 3핀 단자

APM F.C.의 상단에 여러 개의 3핀 단자들이 있다. 이 단자들은 아날로그($A_0$~$A_8$) 형식의 옵션장치들을 사용하기 위한 것으로 디지털(Digital) 옵션장치는 아날로그(Analogue) 형식의 변환장치를 거쳐야 사용이 가능하다.

드론 제작 실전

# 옵션(Optionals setup)장치 연관표(A는 Analogue를 의미)

| 기호 | 옵션장치명 | 사용 설명(APM F.C. 상단 3P의 좌측부터) |
|---|---|---|
| $A_0$ | 첫째 3pin-Sonar. | Sonar(초음파) 센서를 설치할 때 사용하는 3P 단자로 장애물과의 충돌을 방지하기 위한 목적으로 사용하지만 초음파 센서 뒤에 3pin 컨버팅(Converting – 아날로그로 신호 전환)보드가 장착된 것을 사용해야 작동한다.<br>RadioLink사에서 일체형으로 만든 것도 있다. |
| $A_1$ | 둘째 3pin-Spannung in v. | 하나의 초음파 센서로는 부족한 경우 제2의 초음파 센서를 둘째 3Pin에 연결하여 사용할 수 있다. |
| $A_2$ | 셋째 3pin-Strom in ch. | 알 수 없음. |
| $A_3$ | 넷째 3pin-Optical Flow. | GPS가 작동하지 않는 실내 등에서 사물을 탐지하는 광학센서를 연결하여 사용. |
| $A_4$ | 다섯째 3pin-Motor LED. | 모터의 작동을 알리는 불빛 신호 LED 장치에 사용. |
| $A_5$ | 여섯째 3pin-Beeper. | 안전 상태를 소리 신호로 알리는 장치에 사용. |
| $A_6$ | 일곱째 3pin-GPS LED. | GPS의 수신 상태를 불빛(LED)으로 표시하는 옵션장치에 사용. |
| $A_7$ | 여덟째 3pin-Arm LED. | 콥터의 아밍(Arming) 상태를 불빛(LED) 차이로 표시하는 옵션장치에 사용. |
| $A_8$ | 아홉째 3pin-RSS/Motor LED. | 실시간으로 F.C.의 정보를 전달하는 목적으로 사용하는 옵션장치 또는 $A_4$와 동일하게 사용. |
| $A_9$ | 열째 3pin-Camera Shutter. | 카메라 짐벌 또는 별도의 릴레이를 카메라 셔터와 연결하여 트리거(Trigger)에 사용.<br>(별도의 CH을 수신기와 조종기에 할당해야 한다.) |
| $A_{10}$ | 열한째 3pin-Camera Roll. | 카메라 짐벌 또는 별도의 릴레이를 카메라 위치 각도에 사용하여 카메라를 왼나사각도와 오른나사각도로 회전하는 데 사용.<br>(별도의 CH을 수신기와 조종기에 할당해야 한다.) |
| $A_{11}$ | 열두째 3pin-Camera Pitch. | 카메라 짐벌 또는 별도의 릴레이를 카메라 위치 각도에 사용하여 카메라 각도를 앞과 바닥을 향하여 조절할 때 사용.<br>(별도의 CH을 수신기와 조종기에 할당해야 한다.) |

모든 옵션은 아날로그 상태의 장치만을 사용할 수 있다. 초음파 센서 등을 사용하는 경우 미션플래너에서 매개변수 설정을 해 주어야 한다.

$A_9$~$A_{11}$까지는 각각 별도의 CH이 필요하다.

APM F.C.는 최대 8CH까지 사용 가능하다는 것을 고려하고 사용해야 한다.

'옵션장치명' 중 LED는 빨강의 RED가 아닌 신호 빛을 나타내는 LED이다.

$A_4$~$A_7$까지 APM 계열 전용 LED(Ardu Flyer APM LED)가 있다.

# 02

# 프레임(Frame)

## 1) 프레임의 견고성

프레임은 드론의 모든 부품과 결합하여 고유의 형태를 갖게 하는 뼈대와 같은 것으로 매우 견고해야 한다.

프레임은 모터로부터 전달된 힘으로 프로펠러를 회전하여 발생하는 양력과 그 힘과 반대 방향으로 작용하는 드론의 무게에 의한 중력, 이 두 분리되는 힘을 충분히 감당할 견고성이 요구된다.

## 2) 프레임 무게

프레임의 무게는 견고성에 영향을 미치지 않는 범위에서 가벼울수록 좋다. 프레임이 가벼우면 드론의 비행시간이 길어진다.

드론의 한정된 연료인 배터리의 무게를 줄이면 비행시간에 직접적으로 영향을 주므로 다른 부품의 무게를 경량화해야 한다. 이 중에 프레임의 경량화는 매우 중요한 부분을 차지한다.

## 3) 프레임 재질

완전 상품화된 미니, 소형 드론(주로 입문용 드론)의 경우는 대부분 플라스틱 재질을 사용하며 중소형급 이상은 유리섬유(Glass Fiber)로 강화 처리한 어셈블리(Assemble - 직접 조립을 해야 함.) 프레임 또는 필요에 따라 플라스틱, 금속, 탄소섬유 강화 제품을 혼합하여 사용한다.

농사용과 같은 중대형의 드론은 프레임 경량화와 견고성이 높은 카본 제품(Carbon Fiber)의 프레임을 주로 사용한다.

## 4) 드론 제작 실전 프레임 선택

드론 제작 시 가장 많이 사용하는 형식의 쿼드형(4개의 암 사용) 프레임을 선택한다. 프레임 재질 중 암은 합성플라스틱이다. 센터프레임은 납땜이 가능한 기판 형식의 전압분배보드(PDB) 역할을 하는 하단의 센터프레임과 배터리 등을 체결할 수 있는 상단의 센터프레임으로 구성된, 가장 경제적이고 비교적 견고성도 갖춘 기본형 프레임을 사용한다.

프레임의 크기는 330급으로 다루기 편리하고 휴대도 비교적 부담 없는 사이즈로 선택한다.

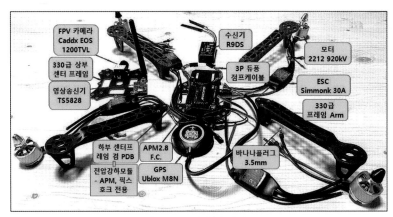

Quad 330 프레임 및 기타 부품

사진에 없는 프로펠러/APM 전용 전력공급 모듈.
OSD/LED/VRX(영상수신기)/영상모니터 등의 부품 모두 뒤쪽의 회로 연결 및 상세에서 설명한다.

이 교재를 보며 드론을 제작하려면 부품을 미리 준비해야 한다.

# 03

## 프로펠러

선택할 프로펠러는 앞에서 선택한 프레임에 모터를 체결했을 때 모터 중심 사이들 중 최단거리보다 짧아야 한다. 또한 중심 부위에 여러 장치들의 결합을 방해하지 않는 범위의 공간도 고려한 길이로 결정한다.

### 1) 프로펠러의 직경(지름의 길이) 결정 요소

① 앞의 사진에서 330mm의 쿼드형 프레임을 선택한 경우: 모터의 중심 간의 거리가 가장 짧은 쪽이 약 24cm이고 24÷2.54≒9.45″이므로 9″를 넘을 수 없다. 또한 중심부의 장치들을 고려하면 8″ 이하 즉, 80×× 이하의 프로펠러가 필요하다.

② 일반적으로 프로펠러는 직경(지름의 길이)이 길수록 많은 양력(뜨는 힘)이 발생된다. 그러나 모터의 힘(토크)도 프롭의 길이가 길수록 상대적으로 커져야 한다. 모터의 힘과 비례하여 ESC의 전류(A)값도 커져야 한다. 적절한 ESC의 전류(A)값을 찾기 위해 시험비행을 한 후 ESC와 모터를 만져 보며 발열 상태를 체크해야 한다. 장착된 모든 ESC에서 발열이 발생한다면 모터 토크가 부족하거나 모터에서 요구하는 힘을 배터리 및 ESC에서 감당하지 못할 가능성이 높다. 따라서 ESC는 전류(A)값에 여유가 있는 것을 사용한다. 그러나 위 사진의 부품을 이용한 330급의 드론은 용량이 30(A)인 ESC면 충분하다.

위 사진의 경우 실측한 것 중 가장 짧은 길이는 135mm(13.5cm)이다.
13.5cm÷2.54=5.3″이고 중심부의 부품 공간을 고려하여 50××의 프롭을 선택한다.
이는 220급의 비교적 작은 드론으로 속도를 즐기기 위한 목적의 드론이다.
적당한 스피드를 위하여 피치값이 45인 5045의 프롭을 선택한다.

위 사진은 프로펠러의 설명을 위한 것으로 APM F.C.와는 관계가 없다.
[레이싱용 F.C. - HOBBYWING F4 Nano/모터 - EMAX MT2206, 1900KV/
ESC - Micro 40A 4 in 1 BLHeli - S DShort 600(DShort은 켈리를 하지 않고 사용 가능.)/3엽 프롭 사용 가능.]

## 2) 프로펠러의 피치(Pitch) 결정 요소

① 피치는 공기의 압축이 없다고 가정한 상태에서 프롭이 1회전 했을 때 움직인 거리로 정의하지만 수평을 기준으로 프롭의 비틀림 정도가 이 움직임을 결정한다. 따라서 프롭의 비틀림(피치)이 클수록 속도(추력)가 빨라진다.

② 피치가 클수록 빨라지는 속도만큼 모터의 힘이 더 필요하다. 프롭의 직경과 마찬가지로 피치가 클수록 ESC 허용전류(A)값도 상대적으로 큰 값이 요구된다.

## 3) 프로펠러 선택에 대한 직경과 피치의 상호 관계

① 작은 직경에 큰 피치의 프롭은 좁은 범위의 공기를 강하게 움직여 빠른 속도로 비행하지만 양력은 크지 않은 민첩성이 요구되는 드론에 적합할 것이다. 반면 큰 직경에 작은 피치의 프롭은 속도가 빠르지 않아도 양력이 있어 어느 정도의 무게를 감당할 드론에 적합할 것이다.

② 피치나 직경을 동시에 늘리면 모터에 더 큰 부하와 진동이 발생할 수 있다. 모터가 안전하고 적절한 부하를 유지하기 위해 프롭의 직경을 늘리면 피치값을 줄이고 피치값을 늘리면 직경을 줄

드론 제작 실전

여 모터에 대한 유사 부하가 걸리도록 하는 것이 바람직하다.

③ 모터 회전이 비교적 느리고 과열 현상이 있으면 프롭의 직경을 한 단계 줄이거나 피치값을 한 단계 줄여 시험비행을 해 본다. 그래도 과열 현상이 있으면 피치와 직경을 동시에 줄이거나 모터의 직경이 큰(KV 숫자는 작아진다. 모터에 대한 세부적 설명 시 상세히 설명한다.) 것으로 바꾸고 ESC의 전류(A)값도 큰 것을 사용한다.

## 4) 프로펠러의 재질

프로펠러는 공기의 저항을 이겨낼 수 있는 충분한 견고성이 있어야 하지만 지나친 견고성은 드론 비행 시 발생할 수 있는 추락 등의 충격을 일차적으로 프롭에서 흡수하며 부서져야 모터의 충격 및 암의 충격을 완화할 수 있다.

예전에는 가볍고 단단한 나무로 프롭을 만들어 사용하기도 했으나 지금은 나무 프롭의 여러 단점 중 경제성과 무게가 보완된 플라스틱 재질, 카본 재질의 프로펠러가 주를 이룬다.

## 5) 프롭과 모터의 체결방식

① 너트 고정(Nut Immobilizing) 방식: 모터의 중심(Shaft) 윗부분은 볼트로 되어 있다. 여기에 모터 구입 시 함께 보내 주는 너트를 이용하여 프롭을 중간에 끼우고 기구를 이용하여 너트를 돌려 잠그는 형식이다. 이때 프롭 구매 시 함께 보내 주는 플라스틱 재질의 풀림 예방 커넥터를 프롭의 홀더에 함께 채워야 모터의 강한 회전을 프롭이 견딜 수 있다. 프롭 체결의 원초적인 방식으로 너트가 풀릴 우려가 있다. 비행 전 프롭을 움직여 보며 헐겁지는 않은지 점검이 필요하다.

② 너트일체형 고정(Nut all-in-one Immobilizing) 방식: 프롭 중심에 너트가 프롭과 일체화된 형식으로 별도의 너트를 사용하지 않고 프롭을 모터의 샤프트(Shaft)에 바로 체결하는 방법이다. 모터의 회전 방향과 반대 방향으로 프롭이 회전하여 플라스틱 풀림 예방 커넥터를 사용할 필요가 없다. 너트고정방식보다 편리하지만 가격 차이가 있다.

③ 모터 샤프트 스프링 압력 체결 방식: DJI사에서 중소형의 촬영용 드론에 주로 사용하는 형식으로 스프링이 장착되어 있는 모터 중심과 모터 상판에 3개의 홀더를 만들어 여기에 날개를 끼워 스프링이 홀더의 이탈을 막는 체결 방식이다. 또한 프롭의 양날을 접을 수 있는 경첩(Folding)의 구조로 드론의 부피를 최소화할 수 있는 장점이 있다.

④ 나사 고정(Screw Immobilizing) 방식: 모터의 상판에 작은 나사 구멍을 2개 이상 만들고 프롭과 이 구멍에 작은 나사를 통과시켜 나사를 돌리면 체결되는 방식이다. 이 또한 프롭의 양날을 접을 수 있는 경첩의 구조로 드론의 부피를 최소화할 수 있는 장점이 있다.

### 6) 프로펠러의 선택

가장 경제적인 플라스틱 재질의 너트고정방식 8045 사이즈의 프로펠러를 사용한다.

시험비행을 여러 차례 해야 하고 이때 발생 가능한 여러 현상으로 인헤 프로펠러가 파손될 가능성이 매우 크다.

프롭의 재질에 따라 진동 발생에 영향을 미치기는 하지만 저가의 플라스틱 프롭 모두가 비행에 불안을 발생시키지는 않는다. 오히려 피치값이 크면 진동이 발생할 수 있다. 드론의 진동 발생 원인은 F.C.의 PID 값 등 매우 다양하므로 비행프로그램 미션플래너를 다룰 때 자세한 설명이 있을 것이다. 안정적 비행 전까지는 경제적인 프롭을 사용한다.

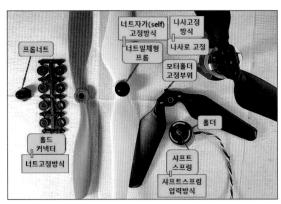

사진에서처럼 모터의 선택에 의해 프롭의 체결 방식도 달라진다.
가장 고전적인 방식인 너트고정식은 불편한 점이 많지만 프롭 사이즈 선택이 자유롭다.

너트고정방식의 모터에 체결이 간단한 너트일체형(Nut all-in-one) 프롭을 사용할 수 있으나,
국내 및 국외 온라인 사이트에서 80××에 해당하는 너트일체형 프롭을 찾기가 어렵다.

DJI사의 펜텀(Phantom) 프롭인 90×× 사이즈만이 판매되고 있다는 아쉬움이 있다.
필자는 양끝을 정확히 80×× 사이즈로 가공하여 사용하기도 한다.
이때, 프롭 밸런싱 작업이 반드시 필요하다.

드론 제작 실전

# 04

# 모터/ESC/배터리

모터와 ESC 그리고 배터리의 선택은 분리해서 설명하기 어렵다. 모터의 분당회전수(KV), 출력값(W)은 ESC의 허용전류(A), 배터리의 전압(V)과 전류(A)값들에 각자 영향을 주는 깊은 상관관계에 있기 때문에 한 가지를 분리해서 설명하기가 곤란하다. 우선 이 3가지 부품을 선택하기 전 제작할 드론의 총무게를 추산해야 한다.

부품 판매자는 판매를 위해 부품에 대한 정보를 표시해 준다. 이때 각 부품의 무게를 기록하여 활용하자.

**Description:**

Model: Flame Wheel 330

Weight : 156g  프레임 무게

Diagonal Wheelbase: 330mm  330급 프레임

Color: White and Black,Red and White,Red and Black

**Recommended Configuration(Not included)**  330급 추천 부품

4 x Motors Emax XA2212 1400KV Brushless Motor  모터사양

4 x Hobbywing SKYWALKER 20A Brushless ESC  ESC사양

4 x 8045 Propellers  프로펠러 사양

1 x Battery 3S-4S LiPo  배터리사양

1 x APM,Pixhark Flight Controller  F.C.사양

Quad 330 기본형 프레임 무게 - 156g

제2장에서 드론 제작에 330급 기본형의 프레임을 선택했었다. 이때, 330 프레임에 함께 사용할 수 있는 모터, ESC, 배터리와 프롭 사양까지 프레임 판매자가 친절하게 추천하여 올린 것을 캡처했다.

물론 판매 촉진을 위한 서비스이지만 드론 제작자에게는 도움이 될 정보이다.

그런데 위 정보 중 모터의 회전 지수 1400KV는 레이싱 목적에 가까운 다소 높은 값이다.

모터 설명을 위한 것으로 부품 브랜드의 상업적 이용과는 관계 없음을 이해하기 바란다.

일단, 이 정보를 바탕으로 인터넷을 통해 모터 XA2212 성능표를 확인해 보았다. 모터성능실험표는 다음과 같다.

| Motor type | The voltage (V) | Prop. Size | Current (A) | Thrust (G) | Power (W) | Efficiency (G/W) | RPM |
|---|---|---|---|---|---|---|---|
| XA 2212 820KV | 12 | APC 11*4.7 | 12 | 830 | 144 | 5.8 | 5720 |
|  | 8 | APC 11*4.7 | 7.3 | 500 | 58.4 | 8.6 | 4650 |
| XA 2212 980KV | 12 | APC 10*4.7 | 15.1 | 880 | 181.2 | 4.9 | 6960 |
|  | 8 | APC 10*4.7 | 9.5 | 550 | 76 | 7.2 | 5470 |
|  | 12 | APC 9*6 | 12.3 | 730 | 147.6 | 4.9 | 8220 |
|  | 8 | APC 9*6 | 7.1 | 400 | 56.8 | 7.0 | 6090 |
| XA 2212 1400KV | 12 | APC 8*4 | 16.4 | 930 | 196.8 | 4.7 | 12020 |
|  | 8 | APC 8*4 | 9.1 | 500 | 72.8 | 6.9 | 8900 |
|  | 12 | APC 8*6 | 20.6 | 940 | 247.2 | 3.8 | 10750 |
|  | 8 | APC 8*6 | 11.9 | 520 | 95.2 | 5.5 | 8250 |

XA 2212 Brushless motor test record

모터 무게 - 95g (기타 액세서리 포함)

2S이면 정격전압 7.4V로, 3S이면 정격전압 11.1V로 표기하는 것이 일반적이다.
위 성능실험표는 배터리의 셀 수를 참고하기 어렵게 표시되어 있다.

이 성능실험표는 'The voltage(v)'의 기준이 2S인지 3S인지 알 수 없게 표시되어 있어 아쉬움이 있다. 'APC' 프롭은 높은 공정이 확보된 프롭으로 주로 탄소섬유를 사용한 우수한 제품이다. 따라서 가격 차이가 있다. 여러 번의 테스트 비행으로 프롭이 손상될 수 있기에 일단은 흔하게 사용하는 저가의 경제성을 고려한 플라스틱 프롭을 사용할 것이다. 추후 안정된 비행이 확보되면 질 좋은 프롭으로 바꾸어 더욱 안전성을 확보하기 바란다.

이러한 사항보다 모터 자체의 무게가 유사 모터의 무게보다 개당 약 30g 정도 무거운 편이라 드론의 전체 무게에 영향을 미칠 가능성이 있다.

앞의 내용과 같이 모터성능실험표를 분석하며 제품을 선택해야 한다. 유사한 제품의 다른 모터 성능실험표를 확인해 보자.

드론 제작 실전

## 2212-930kv

| KV(值) : 분당 회전수 | No-load Current (空载电流) | Lipo cells (锂电) | Max Watts 최대사용전력 | Resistance (内阻) | Max Current 최대사용전류 | Weight 모터무게 |
|---|---|---|---|---|---|---|
| 930 | 0.4A | 3s | 165 | 0.170HM | 17A | 52g |

负载测试参数 (Loading testing data)

| Pro.p (桨) (inch) | Voltage (电压) (V) | Current (电流) (A) | Pull (拉力) (g) | Power (功率) (W) | Pull/power (力效) (g/W) | Temp/full throttle 温度/全油门 (surface) |
|---|---|---|---|---|---|---|
| 9443 프롭 사이즈 | 들어올릴수있는 최대무게 11.1 3S 정격전압 | 1 | 105 | 11.1 | 9.460 | 33 10초간 풀 악셀 후 표면온도 |
| | | 2 | 200 | 22.2 | 9.000 | |
| | | 3 | 280 | 33.3 | 8.410 | |
| | | 5 | 415 | 55.2 | 7.470 | |
| | | 7.9 | 580 | 87.69 | 6.610 | |
| | 모터 사용 전력 14.8 4S 정격전압 | 1 | 125 | 14.8 | 8.440 | 50 |
| | | 2 | 2.5 | 29.6 | 7.930 | |
| | | 3 | 325 | 44.4 | 7.310 | |
| | | 5 | 485 | 74 | 6.550 | |
| | | 7 | 630 | 103.6 | 6.080 | |
| | | 9 | 740 | 133.2 | 5.550 | |
| | | 11 | 845 | 162.8 | 5.190 | |
| | | 11.7 | 900 | 173.16 | 5.190 | |

분당회전수 900~1000KV는 프레임 330~500급에서 많이 사용하는 모터이다.
모터성능실험표를 확인해 보면 모터 무게는 52g으로 비교적 가볍다.
Quad형이므로 52×4=208g이다. 이 무게를 기록하자.

이 표는 T사 2212-930KV 브러시리스 모터의 성능실험표로 배터리 3S와 4S 두 종류에 대한 정보를 옮겨 놓았다.

모터성능실험표에서 다음과 같은 상황을 확인한다.

| 확인 항목 | 확인 내용 | 연관 관계 |
|---|---|---|
| 최대사용전력(W) | 3S 기준 165W의 최대사용전력을 참고한 전류(A)값의 계산은 별도 상세 설명 참고. | 모터와 연결된 ESC의 전류 용량(A)에 연관. |
| 최대사용전류(A) | 3S 기준 17(A)은 별도의 상세 설명을 참고. | 모터와 연결된 ESC의 전류 용량(A) 선택의 조건. |
| 모터 무게(g) | 모터 무게 52(g)×4(EA)=208(g) | 드론 총무게와 연관되며 아래 칸의 'Pull Thrust'에 직접 관련. |
| 최대추력(g) (Pull Thrust) (모터가 들어 올릴 수 있는 최대무게) | 사용할 배터리의 정격전압을 3S-11.1V로 정하고 7.9(A)일 때 580(g)을 확인. 580(g)×4(EA)=2,320(g) 2,320(g)÷2=1,160(g) (별도의 상세 설명 참고.) | 드론 총무게의 허용 범위 1,160(g)을 결정한다. |

| 분당회전수(KV) | 모터의 모델별 고유 회전수(KV)가 용도에 따라 다르다. 드론의 사용 목적에 따라 KV 값에 맞는 모터를 사용해야 한다. | KV 값이 크면 회전수는 높지만 힘(토크)은 약하고<br>KV 값이 작으면 회전수는 작지만 힘(토크)은 커진다. |
|---|---|---|
| 배터리 전압(V) | 배터리의 선택과 효율을 관찰한다.<br>(별도의 상세 설명 참고.) | ESC의 사용전류(A) 및 제품 선택을 결정하는 데 직접적 관련이 있다. |
| 프롭 사이즈 | 프롭 직경과 피치값의 확인. | 내가 사용할 프롭 사이즈가 다른 경우 모터실험값을 가감하여 판단 근거로 사용한다. |

이 성능실험표의 상단을 보면 배터리 3S(최저사용전압 9.6V~완충전압 12.6V)을 기준으로 하여 최대사용전류 17A, 최대사용전력 165W로 표기되어 있다. 이 정보는 이 모터에 연결하여 사용할 ESC의 암페어(Ampere) 용량을 정하는 데 꼭 필요한 정보이다.

## 1) 모터의 최대사용전력(W)과 전류(A) 및 ESC 전류용량(A)의 관계

이 내용을 좀 더 세부적으로 알아보자. 드론이 놓일 거친 상황에서도 문제없이 움직일 수 있도록 하기 위해 몇 가지 공식을 활용한다. 공식 하면 머리 아프다고 할 것을 많이 염려하고 있다. 이해하기 쉽게 설명한다. 부담 없이 접근했으면 한다.

$$전력(W) = 전압(V) \times 전류(A)$$
$$P(W) = E(V) \times I(A)$$

이 식은 배터리의 전압값과 모터에 흐르는 전류값을 곱하면 모터의 사용전력값이 된다는 의미이다. 그런데 모터는 ESC에 의해 관리되므로 결국 ESC의 전류용량(A)을 결정할 수 있다.

식의 양변을 E(V)로 나누면

$$\frac{P(W)}{E(V)} = \frac{E(V) \circ I(A)}{E(V)}, \ 따라서, \ I(A) = \frac{P(W)}{E(V)}.$$

이 식을 이용하여 앞에서 확인했던 2212-930KV 모터의 성능실험표를 확인해 보자.

성능실험표의 가장 밑 칸의 값 중 4S 배터리 사용전압 14.8(V), Power(모터의 사용전력) 173.16(W) 이 두 값을 이 식에 대입하여 전류(A)값을 구해 보면 (173.16÷14.8=11.7(A))이고 이때 모터에 흐르는 전류는 11.7(A)로 모터성능실험표의 가장 밑 칸의 값과 일치한다.

이 공식으로 드론에 사용할 ESC의 전류용량(A)값을 계산하여 결정할 수 있다. 이 값을 계산하기 전 ESC의 전류용량(A)값에 영향을 줄 수 있는 요소들을 생각해 보자.

① 배터리 전압의 사용 시간에 따른 저하.
② 모터 회전 시 사용전력량을 가중시키는 물리적 저항력. 예) 프롭 상태, 바람 등 기후에 따른 공기 저항, 모터 내부의 베어링 상태 등.

①에 적용할 한계 상황을 대비하면,
173.16(W)÷9.3(V)=18.62(A). (전압 9.3(V)은 짧지만 극한의 3S 배터리 최저전압으로 가능한 상황.)
②에 적용할 한계 상황을 대비하면, 18.62(A)×1.2(역률)=22.344(A).
1.2의 역률은 정확한 통계값에 의한 것은 아니다. 개인적 경험에 의한 값으로 ②의 상황값으로 20%를 안전 여윳값으로 추가했다.

계산을 근거로 ESC 용량을 23(A)로 정하고 23(A)의 ESC를 구입할 수는 없다. ESC는 25(A) 또는 30(A)의 용량을 구입해야 하는데 25(A) 용량의 ESC를 제조하지 않는 곳도 있다. 무게의 차이가 없는 경우라면 ESC 용량의 여유가 드론에 불리하게 작용할 것은 없다.

## 2) 모터의 최대추력(Full Thrust)과 드론의 총무게의 관계

모터성능실험표에서 사용배터리의 정격전압을 결정한 후 최대추력의 값을 확인해 본다. 앞의 성능실험표의 전압 11.1(V), 580(g)을 선택하여 계산한다. 580(g)은 모터 1개가 들어 올릴 수 있는 무게를 의미한다. 그러면 쿼드형이므로 580(g)×4=2,320(g)의 무게를 들어 올리는 것으로 계산된다.

하지만 이렇게 적용하기에는 많은 무리가 있다. 모터성능실험표와 동일한 조건의 드론 상태가 아닌 것뿐 아니라 같은 모터라 해도 여러 조건의 편차를 생각해야 한다.

그래서 2,320(g)÷2=1,160(g)으로 계산하여 드론의 총무게가 이 값보다 작게 제작되어야 안전을 확보할 수 있다.

계산관계를 간단히 정리하면 다음과 같다.

$$\frac{\text{모터1개의 최대추력}\times4}{2} \geq \text{드론 총 무게.}$$

이 관계식의 좌변의 숫자를 2로 약분하면,

$$\text{모터1개의 최대추력}\times2 \geq \text{드론 총 무게.}$$

또한, 식의 양변을 2로 나누면,

$$\text{모터1개의 최대추력} \geq \frac{\text{드론 총 무게}}{2}$$

관계식으로 정리된다.

예를 들어 제작할 드론의 예상 무게가 약 1kg(1,000g)이라고 한다면,

$$\frac{1,000(\text{g})}{2} = 500(\text{g})$$

이고, 모터 1개의 최대추력이 이 값보다 크면 사용 가능한 모터이므로 모터성능실험표의 최대추력 580(g)의 모터를 사용할 수 있다는 결과가 된다.

드론 제작 실전

DJI Mavic – 주문진 향호저수지와 바다. 2018년 초가을 어느 날.

### 3) 모터에 적힌 KV(Velocity Constant)의 의미

모터의 회전 속도를 의미한다. KV는 전압 1(V)에 대한 분당회전(Rounds Per Minute-rpm)수를 의미하는 상수이다.

관계식은 다음과 같다.

$$w_{rpm} = KV \times V (\text{KV는 속도를 의미하는 상수, V는 전압.})$$

관계식을 이용하여 모터에 적힌 930KV의 분당회전수 rpm 값을 구해 보면 아래와 같다.

$$w_{rpm} = 930(KV) \times 11.1(V) = 10,323$$

결국, 모터의 930KV는 1분에 10,323번을 회전한다는 의미이다.

(이 값은 저항이나 역률을 고려하지 않은 값으로 실제 회전과는 차이가 있다.)

참고로, 힘의 모멘트(moment of force) 관계에서 모터의 중심에서 멀어질수록 더 많은 힘이 필요하므로 KV 숫자가 크면 회전수는 많지만 모터의 힘(토크)은 작아 무게가 가벼운 드론에 주로 사용하고 KV 숫자가 작을수록 회전수는 작지만 모터의 힘(토크)은 커져서 무게를 감당해야 하는 중량 드론에 사용한다.

## 4) 배터리의 용량(mAh)과 드론의 비행시간의 관계

배터리의 용량은 mAh로 표기되어 있다. 드론에 장착할 배터리의 용량으로 대략 어느 정도의 시간 동안 사용할 수 있는가에 대한 추정 시간을 간단한 공식으로 추론해 보자.

시간을 추정하기 전 배터리 판매사가 공개한 배터리 잔량에 대한 다음의 값을 참고한다.

| 1셀을 기준으로 한 전압(V) | 사용 가능한 배터리 잔량(%) | 비고 |
|---|---|---|
| 4.2 | 100 | 1cell 기준의 Lipo 배터리. |
| 3.9 | 75 | • 완충전압 4.2(V). |
| 3.85 | 50 | • 정격전압 3.7(V). |
| 3.73 | 25 | • 최대방전전압 3.2(V) 참고. |
| 3.50 | 5 | |

전압과 배터리 잔량의 관계는 간접적인 데이터값으로 모든 상황에 적용할 수는 없다. 예를 들면 배터리의 사용에 따른 내부저항값의 변화 등을 고려하지 않았다. 이 값은 드론에 사용할 배터리의 용량에 따른 대략의 시간을 추정하기 위한 것으로만 사용하고자 한다.

배터리의 용량과 드론 비행시간을 추산하기 위해 앞에서 활용한 2212-930KV 모터의 값을 이용한다. 이 모터에 3S, 2,200mAh, 25C의 배터리를 사용하여 추산한다.

드론 제작 실전

배터리 무게 - 140g

배터리 전압을 결정하는 셀과 'S'의 표시 방법으로 3cell의 cell은 구분된 방 또는 실의 의미로 사용되며, 3S의 'S'는 Serial(직렬) 또는 Separate(분리하다)의 의미로 3개가 각각 직렬로 분리되어 연결되었다는 의미로 사용된다.

배터리 용량 2,200(mAh) = 2.2(Ah)(1,000mA=1A)이다.

이것은 2.2(A)의 전류를 1시간 동안 흐르게 할 수 있는 전류(A)의 양을 의미한다. 그런데 모터의 930KV는 모터의 분당회전수(rpm)를 나타내는 숫자이고 1시간은 60분이므로 분으로 단위를 통일하면,

$$2.2(Ah) = 2.2(A) \times 60(min) = 132(Am).$$

필자는 조종자의 평균적 비행 습관을 고려하기 위하여 모터성능실험표의 데이터를 이용하며 사용전력을 기준으로 한 값으로 계산한다. 이때, 1)에서 사용한 전체전력량에 관한 식, P(W) = E(V)×I(A)에 대입하면,

$$P(W) = 3.85(V) \times 3(cell) \times 132(Am).$$

(72p 표의 값에서 사용 가능한 배터리 잔량 50%를 기준으로 한 1S, 3.85V를 평균값으로 사용한다.)

$$= 11.55(V) \times 132(Am).$$
$$= 1,524.6(Wm).$$

이 값을 2212-930KV의 모터성능실험표의 Lipo 3S, 11.1V 모터 사용전류 약 5A에 접한 값을 이용.

· 모터 1개가 사용할 전력량을 평균 50W로 추산. (성능실험표 근거)

  50×4=200(w)

· 기타 부품.

  수신기, 카메라, 영상송신기, OSD 등(부착물이 많을수록 사용전력이 많아짐.), 기타 부품 사용

  전력량 약 30(W).

위와 같이 임의적으로 소모 전력을 추산한 합은 230(W)이다. 따라서,

$$1,524.6(Wm) \div 230(W) = 6.63(min).$$

단순 계산에 의한 이 시간은 추정값에 불과하다. 그 이유로는 개인의 비행 습관과 기타 부품의 사용 정도, 배터리의 자체 저항 등의 세밀한 계산을 포함하지 않았기 때문이다.

배터리 용량에 대한 비행시간의 추산은 사용 가능한 배터리 잔량(%)과 '모터성능실험표'의 데이터를 참고로 평균적 방전율(C)이 포함될 수 있도록 계산하였으며 소비전력(W)을 계산의 도구로 활용하였다.

## 5) 방전율과 비행시간의 관계

배터리의 용량을 나타내는 단위 중 25C는 2,200mAh의 전류량(1시간 동안 2.2(A)의 전류를 공급할 수 있는 양.)의 25배(55A)에 해당하는 전류의 상한선까지를 배터리가 감당할 수 있다는 의미이다.

참고로 앞의 식에서 사용한 230(W)는 사용전류(A)값이 얼마인지 알아보자. 앞에서 사용한 전력 공식 $P(W) = E(V) \times I(A)$의 양변을 $E(V)$로 나누면,

$$\frac{P(W)}{E(V)} = \frac{E(V) \times I(A)}{E(V)}.$$ 우변 $E(V)$를 약분.

드론 제작 실전

따라서, $I(A) = \dfrac{P(W)}{E(V)}$이다. 이 공식에 위의 값을 대입하면,

$$I(A) = \frac{230(W)}{3.85 \times 3(S)}$$

$$= 19.91(A).$$

이 계산값은 평균 사용전류값의 범위에 있다고 볼 수 있다.


일반적으로 500급 이하의 드론은 특별히 소비전력이 급격하게 소모되는 비행을 제외하고는 비행 시 15~30(A)가 소모된다. 그러나 일반적인 비행 중에도 위험 상황으로부터의 탈출 등 스로틀 급상승이 요구되는 경우에는 짧은 시간에 급격한 소비전력의 상승으로 전류량도 급상승하게 된다. 이를 해결할 수 있는 값이 방전율이다. 기본 방전의 25배(C)(55A)의 용량이 이 상황을 안정적으로 해결해 준다.

하지만 필요 양의 전류값을 짧은 시간에 집중적으로 사용하므로 배터리의 소모 시간이 상대적으로 짧아지며 ESC의 허용전류도 높아져야 안전을 확보할 수 있다. 그래서 ESC의 용량을 계산값보다 여유 있는 제품을 사용한다.

그런데 방전율(C)이 부족하면 전류(A)가 요구하는 양을 최대방전율이 감당하는 지속 시간이 길어지게 되어 배터리의 내부저항과 모터 및 ESC의 저항값을 상승시켜 급격한 발열이 발생한다. 이러한 이유로 드론의 테스트 비행 직후 드론 부품의 발열 상태를 체크하여 원인을 해결해야 한다.

배터리의 전하 방출량이 급변하는 레이싱 드론의 배터리는 방전율(C)의 수가 높은(약 50~100C) 것을 사용한다.

# 05

# 드론 제작 실전 부품 선택
# – 모터/ESC/배터리

## 1) 모터

앞의 성능실험표에 해당하는 2212, 930KV 모터를 선택한다. 프레임 330~500급에서 많이 사용하는 모터는 2212, 930KV 또는 2214, 920KV 모터 종류 중 한 가지이다. 이 사양의 모터와 유사한 2212, 970KV 또는 1000KV도 선택할 수 있다. 단, 성능실험표를 확인하고 사용전력, 최대사용전류, 무게 등을 확인하고 고려해서 선택하면 된다. (뒤의 '드론 제작 실전에 사용할 부품 목록' 참고)

## 2) ESC

ESC는 BEC(Battery Eliminator Circuit)가 결합된 사용전류 30A를 선택한다.

앞에서 설명했듯이 25A의 용량으로도 가능하지만 구입이 수월하고 무게 차이도 없으며 용량의 여유를 위하여 30A의 ESC를 선택한다. ESC에 BEC가 결합된 이유는 APM 또는 픽스호크 F.C.에 5V(보조 전압)의 전압을 공급하기 위해서이다.

F.C.는 많은 명령의 수집과 처리를 무리 없이 해야 한다. 그런데 배터리로부터 낮은 전압이 공급되거나 다른 부품의 간섭에 의해 원활한 공급이 이루어지지 않는 경우 F.C.가 기능을 멈추거나, F.C. 보드로부터 5V의 전압을 공급받는 수신기가 정상 작동하지 않는 일명 노콘(No Control) 상태가 발생한다. 그렇게 되면 조종기의 명령을 수신할 수 없게 되어 드론을 통제할 수 없게 된다. 이러한 위험을 예방하기 위하여 각 ESC에 BEC가 결합되어 배터리로부터 공급받은 높은 전압을 5V(보

조 전압)로 낮추어 F.C. 보드에 공급한다. (아날로그 ESC의 일반적 방식이다. 디지털 ESC를 사용하는 경우 별도의 5V 보조 전압을 F.C. 보드에 공급해 주어야 한다.)

이때, 모터를 제어하기 위한 신호(s)선과 5V의 3색 듀퐁 케이블을 APM F.C.의 'Outputs'의 3P 단자의 (-), (+), (s)에 맞추어 연결해 사용한다.

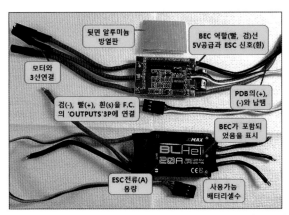

드론 제작 실전에 사용할 ESC는 30(A)의 용량에 BEC가 부착된 모델로 개당 무게는 20g이다.
따라서, 총무게는 20g×4=80g이다.

모든 ESC가 BEC와 함께 결합된 것은 아니다. BEC는 전압 강하를 위하여 필요 없는 전력을 낭비해야 한다. 이로 인한 발열을 해소하기 위해 알루미늄판을 부착한다.

드론을 사용하다 보면 노이즈가 발생하여 F.C.와 ESC 간의 통신에 부정적 영향을 미치기도 한다. 이러한 손실을 극복하기 위하여 개발된 ESC는 BEC가 없는 디지털 방식의 통신으로 빠르고 정확하며 아날로그 ESC에서는 당연히 거쳐야 할 켈리 과정을 생략하고 사용할 수도 있다. APM F.C.는 통신방식이 아날로그(PWM) 방식이어서 디지털 방식의 프로토콜은 사용할 수 없다.

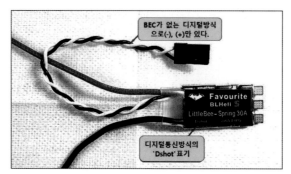

D-Shot은 Digital Shot의 약자로 사용되었다.

## 3) 배터리

배터리는 앞의 세부 설명에 사용했던 '3(S), 2,200mAh, 25(C)'의 배터리를 사용한다.

드론 제작 실전

# 06

# 조종기와 수신기

## 1) 조종기와 수신기의 개념과 이해

컴퓨터 간의 통신은 국제적으로 통일된 프로토콜(Protocol - 통신규약)이 있어 교통이 가능한 것처럼 조종기(TX)와 수신기(RX)는 두 기기 사이의 교통이 가능한 고유한 신호를 통해 교통한다.

그런데 두 기기 사이의 고유한 신호는 F.C.와 교통이 가능한 신호이어야 한다. 수신기와 연결된 F.C.가 조종기로부터 받아들인 명령을 통일되게 받아들이고 분석하여 알맞은 값으로 모터를 구동하도록 명령하여 안정된 비행을 가능하게 한다.

호환성을 이해하려면 부품들 간의 통신 신호 방식에 대한 이해와 명칭을 알아야 한다.
같거나 유사 신호로 '조종기 - 수신기 - F.C.'가 교통(交通)할 수 있는 통신연결체계를 호환성이라 한다.

수신기와 F.C. 사이의 수신은 RX 프로토콜에 의해 통신 방법이 결정되고 조종기와 수신기 사이에는 TX 프로토콜에 의해 통신이 결정된다. 마치 수신기는 조종기와 F.C.의 중간에서 통역관과 같은 역할을 담당하며 조종기와 수신기는 깨끗한 전파 품질로 먼 거리까지 주파수 장애 없이 교통하기 위하여 여러 기술을 접목하고 있다.

## 2) RX 프로토콜의 이해

짧은 시간에 발생하는 전류의 전기진동 현상을 신호화할 수 있게 변화(Modulation - 변조)를 주어, 구분된 신호로서의 기능을 할 수 있도록 하여 이를 무선통신의 방법으로 활용한 통신방식을 펄스변조(Pulse Modulation)라고 한다. 수신기는 이와 같은 펄스변조 방식으로 F.C.에 신호를 전달, 서로 교통하여 비행 목적을 달성할 수 있게 한다.

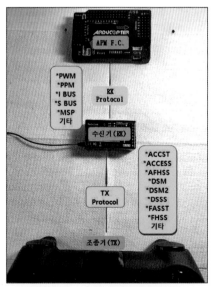

위의 사진은 수신기와 F.C. 사이의 통신을 위한 RX 프로토콜의 종류와
조종기와 수신기 사이의 통신을 위한 TX 프로토콜의 종류 중 빈도가 높은 종류를 나열하였다.

예를 들어 APM F.C.의 RX 프로토콜은 PWM을 사용하므로 수신기에 PWM이 명시되어 있고
조종기의 TX 프로토콜은 조건에 따라 필요한 것을 선택해 사용한다.

## a) RX의 아날로그 방식 통신 신호

① PWM(Pulse Width Modulation) 방식: 펄스변조 중에 펄스의 폭(Width)을 넓게 또는 좁게 변화를 주어 구분된 신호로 교통하여 신호체계를 형성한 방식이다. 이 PWM 방식은 APM F.C.의 기본적인 통신신호체계로 사용하고 있다.

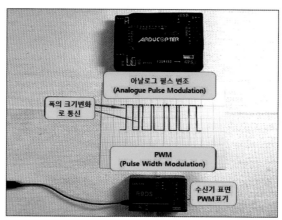

조종기와 수신기 그리고 F.C.는 펄스변조방식을 서로 이해하는 부품들을 사용해야 한다. 이것을 부품의 호환성이라고 한다.

PWM 방식의 특징은 고전적 방식으로 1:1 매칭 형태로 소통이 이루어진다. 즉 드론의 비행을 위해서는 A(Aileron - 좌우 이동 명령.), E(Elevator - 전후 이동 명령.), T(Throttle - 높낮이 이동 명령.), R(Rudder - 코 방향의 좌우 회전 명령.) 각 한 개씩 4개의 채널이 기본적으로 필요하다. APM F.C.의 'INPUTS'의 1~4번까지와 수신기의 1~4번까지를 번호 순서에 맞추어 연결한 후 각자의 채널에 고유한 폭의 신호로 통신하여 조종기에서 보내는 신호가 수신기를 거쳐 F.C. 보드에 전달되어 비행 목적을 완수하게 하는 프로토콜을 말한다.

② PPM(Pulse Position Modulation) 방식: 펄스변조 중에 펄스의 폭은 일정하지만 펄스의 좌우의 위치(Position)에 변화를 주어 구분된 신호로 교통하여 신호체계를 형성한 방식이다.

PPM 방식은 PWM 방식처럼 서로 독자적으로 교통하기 위해 한 채널당 하나의 선을 필요로 하지 않아 배선의 수를 줄일 수 있다는 장점이 있다.

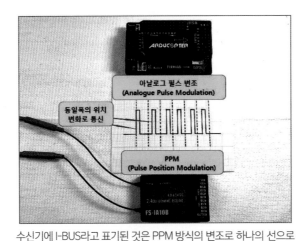

수신기에 I-BUS라고 표기된 것은 PPM 방식의 변조로 하나의 선으로
여러 채널을 대신한 신호를 보내어 연결선을 줄일 수 있다는 의미이다.
그러나 APM F.C.는 PWM 방식만을 사용하게 되어 있어 번거롭게도 사용할 채널만큼 1:1로 선을 연결하여 사용해야 한다.

하나의 신호선의 위치 변화(Position Modulation)를 다양화한 펄스 신호를 보내, 최대 8개의 채널을 한 선으로 사용하는 효과를 얻을 수 있는 방법을 PPM 방식이라 한다.

PPM 방식은 수신기에 I-BUS(Intelligent Input Bus)라는 명칭으로 사용된다. 그러나 APM F.C.는 오직 PWM만을 사용하는 방식으로 I-BUS를 사용할 수 없다. I-BUS를 사용하는 F.C.의 경우 수신기의 I-BUS 전용단자와 F.C.의 전용 I-BUS 포트와 연결해야 하지만 F.C. 보드에 I-BUS 포트가 없는 경우 각 채널당 1회선을 사용하는 PWM 방식으로 사용해도 통신은 가능하다.

### b) RX의 디지털 방식 통신 신호

디지털은 아날로그보다 발전된 개념이다. 아날로그가 단순히 연속된 흐름의 신호를 사용한다면 디지털은 그 연속된 신호를 매우 미세하게 쪼개어 특정한 최소 단위를 가지는 이산적 수치로 분리, 취합, 처리한다. 즉, 디지털 방식은 미세한 연속신호를 다양하게 구분 지어 사용하므로 속도가 빠르고 직렬(Serial) 통신이 가능하며 여러 개의 포트를 사용할 필요 없이 다양한 신호의 구분으로 배선 수를 줄일 수 있다.

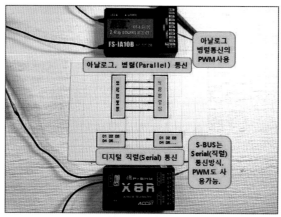

S-BUS는 디지털 직렬포트(Serial) 프로토콜로 아날로그 방식보다 신호처리 속도가 약 2~3배 빠르다.

① S-BUS(Serial BUS) : S-BUS 직렬통신은 하나의 회선으로 직렬 신호를 연속된 신호로 매우 미세하게 쪼개어 수치화한 특정한 최소 단위를 버스(BUS)를 거쳐 빠르게 데이터를 전송하는 방법을 말한다. 이러한 디지털통신 S-BUS는 아날로그 방식보다 속도가 2~3배 빠르고 직렬포트로 하나의 회선으로 최대 24CH을 사용할 수 있는 장점이 있으나 F.C. 보드가 S-BUS를 받을 수 있는 프로토콜로 무장하고 있어야 가능하다.

APM F.C.는 아날로그 방식의 통신 형태만을 사용하므로 디지털 방식의 통신 형태를 사용할 수 없으나 드론에 대한 전반적 이해가 있어야 호환성이 있는 부품을 선택할 수 있기에 꼭 알고 있어야 할 내용이다.

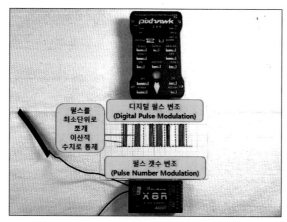

수신기 위에 통신방식에 대한 프로토콜이 표기되어 있다.
그 내용을 확인하여 사용하여야 한다.
APM과 같은 계열의 픽스호크는 디지털 프로토콜 S-BUS를 사용할 수 있게 발전한 모델이다.

② PCM(Pulse Code Modulation): 연속적 신호의 아날로그 신호를 디지털화하기 위하여 펄스진 폭변조, PAM(Pulse Amplitude Modulation) 신호로 변조 후에 샘플링(Sampling)한 신호들을 양자화(Quantization)한 후 코딩(Coding)하여 디지털 신호로 전송하는 프로토콜이다.

주파수 잡음이 거의 없다는 장점이 있으나 과정이 매우 복잡하다. 가격이 있는 F.C.의 경우 PCM 방식을 많이 사용한다. TX 프로토콜로 DSM, DSM2 방식을 사용하기가 용이하다.


③ MSP(Multiwii Serial Protocol): APM F.C.와 같이 오픈소스(Open Source)로 구성된 멀티위(Multiwii) F.C.는 MSP 전용 코드를 사용하여 통신한다.


## 3) TX 프로토콜의 이해

조종기와 수신기 사이에서 이루어지는 신호체계를 말하며 조종기와 수신기는 서로 이해할 수 있는 프로토콜로 교통해야 한다. 조종기와 수신기는 깨끗한 품질의 전파를 아주 먼 거리까지 손실 없이 도달하게 하여 안전한 비행의 목적을 이룰 수 있도록 해야 한다. 그러나 이것은 간단한 문제가 아니다.

수신기와 조종기는 대부분 2.4GHz 대역의 주파수를 이용하여 통신한다. 우리가 사용하는 핸드폰이나 컴퓨터의 WiFi 또한 같은 2.4GHz 대역의 전파를 사용한다. 그런데 수신기와 조종기를 사용하는 곳은 건물이 전혀 없는 곳일 수도 있지만 사람들이 다양한 전파를 사용하는 곳일 수도 있다. 이때 서로의 전파 간섭은 통신 두절이라는 심각한 상황도 유발할 수 있다. 이러한 이유로 수신기와 조종기의 무선통신은 전파의 간섭을 피하며 깨끗한 품질로 최대한 먼 거리까지 끊기지 않고 교통이 가능한 기술들을 만들기 위해 노력해 왔다.

수신기나 조종기를 제조하는 회사마다 고유의 기술용어가 다른 이유는 송, 수신기의 가장 중요 의무인 통신의 품질을 확보하기 위한 기술의 흔적이라고 할 수 있겠다.


기술 개발 회사와 관계없이 용어를 다음과 같이 간단히 정리한다. 수신기 또는 조종기를 선택할 때 용어를 이해하고 있으면 선택에 도움이 될 것이다.

# 수신기 또는 조종기에 표기된 프로토콜의 의미

• ACCST(Advanced Continuous Channel Shifting Technology)

'첨단 연속채널 이동기술'로 이해할 수 있는 ACCST는 교통할 때 한 채널만을 사용하지 않고 여러 채널을 주기적으로 바꾸어 통신하여 타 전파의 간섭을 피하려는 기술을 말한다. 그러나 초기에는 별문제가 없다가 2.4GHz 대역에서 계속 증가하는 노이즈로 인해 노콘(No Control) 현상이 발생할 수 있다.

• ACCESS(Advanced Communication Control Elevated Spread Spectrum)

'고급 통신제어가 첨가된 확산 스펙트럼'으로 이해되는 ACCESS는 위에서 설명한 ACCST를 기반으로 한 기술의 단점을 보완하여 송, 수신기 간의 교통 지연 시간을 낮추었다. 최대 24CH을 사용할 수 있으며 모델 공유와 바인딩 작업을 쉽게 할 수 있게 하였다.

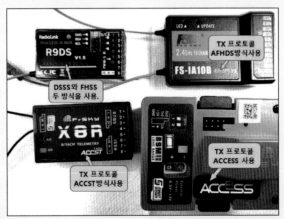

조종기와 수신기가 주파수를 주고받는 TX 프로토콜 형식은 제조회사마다 다양하다.
F.C. 보드에 사용할 수 있는 RX 프로토콜과도 호환이 되는 조종기와 수신기의 선택이 필요하다.

• AFHSS(Adaptive Frequence Hopping Spread Spectrum)

'주파수 도약 적응 확산 스펙트럼'으로 이해되는 AFHSS는 텔레메트리를 가능하게 한 최초의 양방향 송, 수신 통신 시스템으로 일정한 주파수를 유지하여 송신하는 종전의 방식을 벗어나 주파수가 뛰듯이 변화를 주어 주파수의 방해를 최소화하려는 호핑(Hopping) 방법을 이용하여 주파수의 간섭을 회피하고 송, 수신의 안정을 확보하는 통신기술이다. 그러나 도심과 같이 여러 장애가 있는 곳에서는 통신거리가 매우 짧아지는 단점이 발생한다.

• AFHDS(Automatic Frequence Hopping Digital System)

'자동 주파수 호핑 디지털 시스템'으로 이해되는 AFHDS는 주파수 간섭을 자동 호핑 방식으로 피해 통신의 안정을 디지털 시스템으로 확보하려는 통신기술이다. 그러나 통신거리가 비교적 짧은 단점이 있다.

• DSM(Digital Spectrum Modulation) 및 DSM2

'디지털 확산 스펙트럼'으로 이해되는 DSM은 주파수 자동 감지기술로 수신기와 최적의 데이터를 송, 수신하는 통신기술이다.

양방향 통신은 송신기 및 수신기에 흔하게 발생하는 주파수 간섭을 제거하였다.

DSM2는 DSM에 두 개의 채널을 동시에 사용하는 DSSS 방식으로 별도의 'Satellite'라는 수신기를 추가 사용하여 비행 중 발생할 수 있는 사각지대를 최소화하여 더 넓은 지역을 조종 범위에 포함시켜 안전성을 확보한 기술이다.

• DSSS(Direct Sequence Spread Spectrum)

데이터 신호를 직접 순서에 맞게 확산하여 송신한다는 의미로 이해되는 DSSS는 송신할 때는 신호의 길이를 길게 늘여 도달 거리를 늘리고 수신할 때는 신호의 길이를 줄이는 주파수 확산 방법으로, 호핑 과정 시 성능이 떨어지는 단점을 보완하여 간섭 신호에 대한 안전을 확보하고자 했다. 수신 범위는 어느 정도 확장되었으나 먼 거리 송신의 경우에 신호의 임의적 확장으로 효율이 갑자기 떨어지는 아쉬움도 있다.

• FASST(Frequence Adaptive Spread Spectrum Test)

'주파수 확산 테스트 적응 스펙트럼'으로 이해되는 FASST는 하이브리드(Hybrid) 방식이라고도 하는데 미리 설정한 몇 개의 메인 채널에 초당 수십 회의 변경을 주어 송신하는 방식으로 전송 속도가 빠른 편이다.

- FHSS(Frequence Hopping Spread Spectrum)

'주파수 도약 확산 스펙트럼'으로 이해되는 FHSS는 23개의 채널을 랜덤하게 이동 선택하며 초당 수십 회의 주파수를 변경하여 송신하는 방식으로 호핑이라는 단어의 어원처럼 주파수를 널뛰듯이 껑충거리게 송신한다. 이 방식은 전파방해가 적으며 도청도 불가능한 것으로 알려져 있다. 그러나 주파수를 호핑하는 환경과 과정에서 성능이 떨어지는 아쉬움이 있다.

## 4) 조종기와 수신기의 선택

드론 제작 실전에 사용할 조종기와 수신기의 선택은 라디오링크(Radiolink)社의 'AT9S' 조종기와 'R9DS' 수신기를 선택한다.

선택하려는 이 부품은 APM F.C.가 받아들일 수 있는 RX 프로토콜 PWM 방식을 사용할 수 있을 뿐 아니라 픽스호크 F.C.에서 사용하는 디지털 방식의 S-BUS도 사용할 수 있다. (APM F.C.는 S-BUS를 사용할 수 없다.)

'R9DS' 수신기는 PWM 사용 시에 8채널을 사용할 수 있고 별도의 S-BUS는 10채널을 사용할 수 있게 구성되어 있다.

APM F.C.를 이용하여 드론을 제작할 때 매우 중요한 것이 오토튜닝(Auto Tuning) 과정이다. 이때 수신기에 1개의 채널을 배당해야 하는데 기본 비행을 위한 A/E/T/R 각 1채널과 비행모드 1채널, 그리고 오토튜닝을 위한 1채널의 할당이 필요하므로 총 6채널이 기본적으로 필요하다. 따라서 기본 6채널에 기타 필요 2채널을 사용하여 8채널을 사용하게 된다.

'AT9S' 조종기는 전면 상단 양쪽에 다이얼(Dial)식의 VRx 노브(Knob) 스위치와 조종기 뒷면 양쪽에 각각 슬라이딩(Sliding)식의 스위치가 장착되어 있다. 이 기능은 APM F.C.의 오토튜닝에 효율적으로 사용할 수 있어 꼭 필요한 기능이다.

6채널 이하를 사용하는 일부 저가형 조종기에는 이러한 VRx 노브 스위치 기능이 없거나 미세 조종이 불가능하여 효율성에 문제가 있는 것도 있다. 하지만 오토튜닝을 하지 않아도 되는 레이싱 드론에 사용하는 것에는 문제가 없을 수 있다.

'AT9S' 조종기의 전파송신방식은 FHSS를 사용하는 TX 프로토콜을 사용하며 송신거리가 비교적 길며 안정적인 편이다.

책머리에서 언급했듯이 이 책에서는 적은 비용, 높은 효율 등 가성비가 좋은 부품을 선택했다.

부품을 선택하는 데 부득이 제조사와 모델명이 거론되었다. 특정사의 제품을 알리기 위함이 아니며 특정사와는 아무런 관계가 없다. 부득이한 상황을 이해하기 바란다.

수신기(R9DS)의 무게 14g, PWM-8CH, S-BUS-10CH

## 5) 수신기와 조종기의 바인딩

수신기와 조종기를 사용하려면 바인딩 작업을 해야 한다. 바인딩(Binding)은 단어의 어원처럼 '한 몸처럼 묶는다.'는 의미이다. 바인딩을 해야 하는 이유는 조종기와 수신기 사이의 TX 프로토콜을 확인하고 수신기에 고유한 코드를 인식시켜 바인딩한 조종기와 수신기만 교통하도록 유도하는 과정이다.

바인딩 작업이 완성되어야 조종기와 수신기는 정상 작동하며 송, 수신 상태를 보장할 수 있다. 바인딩하는 과정과 방법은 제품을 만드는 회사뿐 아니라 제품의 종류마다 조금씩 다르다.

제품을 구입할 때 개별적인 바인딩 방법을 설명한 매뉴얼을 동봉해 준다. 그것을 해석해서 실행해야 한다. 매뉴얼을 동봉해 주지 않는 경우 인터넷에서 과정을 검색하여 실행해야 한다.

바인딩 과정을 실시하지 않은 조종기와 수신기는 사용할 수 없다. (단, 조립 과정이 필요 없는 완제품으로 출시된 드론은 별도의 바인딩 과정이 필요 없는 것이 대부분이다.) 바인딩이 성공적으로 이루어져야 비로소 고유의 기능을 할 수 있게 된다.

'AT9S' 조종기와 'R9DS' 수신기 바인딩 과정은 다음과 같다.

① 수신기와 조종기를 50cm 이내의 가까운 곳에 둔다.

② 조종기 'AT9S'를 켠다. 그리고 수신기 'R9DS'의 PWM 3핀 단자 중 한 곳에 5V를 공급한다. 이 때, (-)는 아래, (+)는 중간 핀에 꽂아 극성이 맞도록 정확히 연결해야 한다. (+)와 (-)가 바뀌면 수신 기가 손상되어 사용할 수 없게 되는 경우도 발생한다.

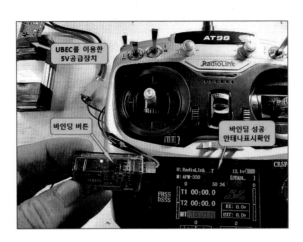

③ 수신기 측면 검은색 버튼을 핀셋 등의 도구로 한 번만 1초 정도 눌렀다가 놓는다. 그러면 수신 기에 빨간불이 유지된다.

1회 누른 후 수신기에 켜진 빨간불은 APM F.C.와 같이 PWM 신호를 RX 프로토콜로 사용하는 경 우이다. 만일 S-BUS를 사용하는 픽스호크 F.C.와 바인딩을 하는 경우는 1회 눌러 빨간불이 작동하 고 난 후 곧바로 한 번 더 눌러(총 2회) 보라색 불빛으로 바뀌면 S-BUS 프로토콜을 사용할 수 있다.

④ 조종기 'AT9S'의 화면 상단에 안테나 표시가 모두 켜져 있으면 정상적으로 바인딩이 완료된 것이다. 이 안테나 표시가 없으면 모든 과정을 처음부터 다시 반복하여 실행한다.

바인딩 버튼을 한 번 눌러 빨간색 표시등이 켜지면 PWM 사용.

# 07

드론 제작 실전
기타 부품 선택

## 1) APM F.C. 전용 전력공급 모듈

전력공급 모듈은 APM F.C.와 픽스호크를 위해 전용으로 사용되는 모듈이다.

전용으로 만들어진 전력공급 모듈을 사용하지 않고는 APM F.C.나 픽스호크 F.C.에 필요한 각기 다른 전압을 6Pin을 통해 정확하게 일치시켜 공급하는 것이 쉽지 않으므로 전용 모듈을 사용해야 한다.

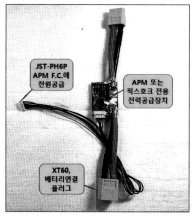

무게 - 25g

XT60 플러그를 통해 Lipo 배터리 2S~6S 공급.

## 2) 센터프레임의 PDB를 대신할 별도의 PDB-XT60(Matek W/BEC 5V/12V)

330급 센터프레임은 하부와 상부의 공간으로 이루어져 있다. 하부의 센터프레임에는 4개의 ESC

에 전원을 공급하기 위하여 8(ESC의 (+)(빨), (-)(검) × 4개=8)개의 전선을 납땜하여 사용하는 것이 보통이다. 그런데 이 하부 센터프레임에 APM F.C.를 납땜한 표면 위에 고정하여 사용해야 한다. 상부 센터프레임은 배터리를 배치하는 공간으로 사용해야 하기 때문이다.

그래서 센터프레임의 PDB를 대신할 별도의 PDB-XT60을 사용하여 이것에 ESC를 연결하고 전력공급 모듈은 PDB-XT60 전원 입구 뒤쪽에 직접 연결하여 APM F.C.에 6Pin 전원 공급을 정상적으로 하도록 한다. 그러면 하단의 센터프레임은 땜 작업이 없는 깨끗한 면으로 APM F.C.는 바닥의 전류 흐름에 의한 방해 전파 발생에 직접적인 영향을 받지 않을 수 있다. ESC와 전력공급장치가 납땜된 PDB-XT60은 상단 센터프레임의 뒷면에 3M양면테이프로 절연작업 후 부착하고 케이블 타이로 고정한다.

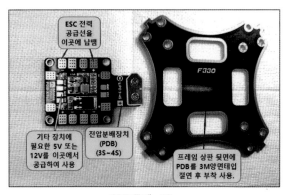

PDB 무게 - 12g

450급 프레임의 경우 별도의 PDB를 사용하지 않아도 공간의 여유가 있다.
330급 프레임도 별도의 PDB를 사용하지 않고 제작이 가능하지만 F.C. 보드에 방해요소의 영향을 주지 않으려는 개인적 의도이다.

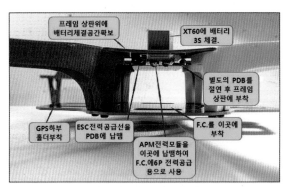

330급 프레임의 부품 배치 계획.

다음의 F330의 사진을 참조하여 전압분배장치 및 기타 장치의 위치를 확인하기 바란다.

### 3) GPS(Ublox M8N)

외부 나침반이 포함된 GPS로 APM과 픽스호크에 사용하는 GPS이다.

GPS는 APM F.C.와 약 10cm 미만의 근거리에 있는 경우 모터와 F.C.의 방해 전파로 '로이터 (Loiter - GPS모드와 동일함.) 모드'로 작동 시 호버링(Hovering)이 잘되지 않고 변기 물 빠짐 현상 (toiletbowling - 한 장소에 고정하지 못하고 빙빙 도는 현상.)이 발생할 수 있다.

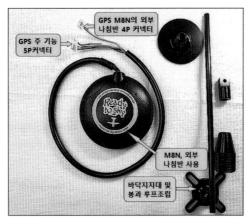

무게 – 52g, GPS 및 기타 부속.

### 4) 카메라

카메라는 어떤 종류를 사용해도 좋지만 촬영 전용 카메라는 부피와 무게가 있으므로 프레임 330 급에서는 사용이 곤란하다. 설치 공간의 확보가 쉬운 소형의 FPV(First Person View)용 카메라를 선택한다.

무게 – 3.5g

설명 내용은 제품의 제작사와 관계없으며 유사한 사양의 제품을 사용할 수 있다.
1200TVL 1/3CMOS 센서

## 5) 비디오 송신기(Video TX)와 비디오 수신기(Video RX)

비디오 송신기는 프레임의 크기를 고려하여 무게가 비교적 가벼운 송신기를 선택한다. 비디오 송신기는 종류가 매우 다양하다. 5.8GHz 36CH의 송신기로 채널 수는 적어도 무게가 가볍고 좁은 공간에 설치가 가능한 소형을 사용한다. 비디오 송신기는 제작하는 드론의 구조나 무게 등을 고려하여 선택하면 된다.

비디오 송신기가 있으면 지상에서는 송신 내용을 받아볼 수 있는 비디오 수신기와 영상모니터가 있어야 한다. 각각의 비디오 수신기와 모니터를 구입하여 연결하는 방법도 있으나 별도의 회로 구성이 필요 없는 고글 형태의 일체형 완제품도 있다. 가격이 비교적 저렴한 'EACHINE'의 고글 형태 일체형 완제품을 구입하면 편리하고 경제적일 수 있다.

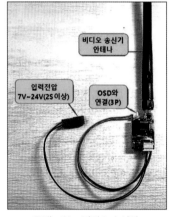

무게 - 12g, 비디오 송신기.

지상 비디오 수신기.

비디오 송, 수신기는 모든 제품들이 서로 호환된다.
영상모니터, 영상수신기, 배터리를 각각 구입하여 회로를 구성하여 제작하는 것보다 저가의 고글을 구입하는 것이 경제적일 수 있다.
고글은 오토 서치(Auto Search) 기능이 있다. 단 모니터 화면이 작다는 단점이 있다.

## 6) OSD(On Screen Display)

OSD는 드론이 비행하면서 순간적으로 변화하는 여러 가지 비행정보(비행거리, 높이, 방향, GPS 수신 위성 개수, 비행시간, 배터리 사용량 등 필요한 정보를 선택하여 사용.)를 지상에서 수신, 영상 화면으로 확인할 수 있게 하는 장치이다.

OSD를 사용하기 위해서는 두 가지 요소를 갖추어야 한다.

첫째,

OSD를 사용하기 위해서 화면 구성 펌 업을 해야 한다.

OSD를 구입할 때 RadioLink社의 OSD를 구입하는 것을 추천한다. 이유는 RadioLink社의 OSD는 중간 연결 부품 TFDI를 이용하지 않고 USB 5핀을 OSD와 컴퓨터에 바로 연결하여 펌 업이 가능하도록 만들어져 있어 접근이 비교적 간단하기 때문이다.

일반적으로 사용하는 Minim OSD는 중간 장치 TFDI를 거쳐야만 펌 업이 가능한데 TFDI와의 회로 연결이 쉽지 않다.

둘째,

OSD가 작동하려면 F.C. 보드와 카메라, 영상송신기, 배터리와의 회로 연결이 정확해야 한다. 부품들 간의 배선 연결은 다음 사진을 참고하기 바라며 사진의 좁은 공간에서의 한정된 배선 설명의 보충을 위해 선의 정식 명칭을 적는다.

· 아래 사진의 영상송신기 설명에서

+(5V) → DC 5V OUT./-(G) → GND./소리신호 → AUDIO IN./영상신호(S) → VIDEO IN.

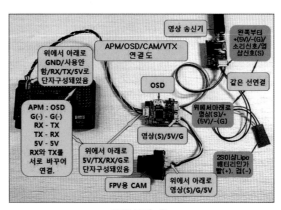

OSD 무게 - 3g

위 사진의 연결도를 완성하기 전 OSD를 컴퓨터와 연결하여 펌 업을 완수해야 영상모니터에 드론의 비행정보가 나타난다.

# 드론 제작 실전에 사용할 부품 목록

## 쿼드콥터(Quad Copter) 부품의 종류, 규격 및 무게

| 부품의 종류 | 규격 | 수량 | 단위당 무게 (g) | 총무게 (g) |
|---|---|---|---|---|
| APM F.C. | APM 2.8 | 1개 | 35 | 35 |
| 프레임 | Quad 330 기본형 | 1set | 156 | 156 |
| 프로펠러 | 플라스틱 8045 | cw×1set ccw×1set | 16 | 32 |
| 모터 | 2212-930KV | 4개 | 52 | 208 |
| 배터리 | 3S 25C 2,200mAh | 1개 | 140 | 140 |
| ESC | 30A | 4개 | 20 | 80 |
| 수신기 | R9DS | 1개 | 14 | 14 |
| PDB | Matek 5V/12V | 1개 | 12 | 12 |
| APM F.C. 전용 전력공급장치 | APM 및 Pixhawk 전력공급용 | 1개 | 25 | 25 |
| GPS와 기타 부속 | Ublox M8N | 1개 | 52 | 52 |
| 카메라 | Caddx 1200TVL | 1개 | 4 | 4 |
| 비디오 송신기 | 36CH 소형 | 1개 | 12 | 12 |
| OSD | RadioLink OSD | 1개 | 3 | 3 |
| 기타 | 배선용 전선, 나사 등 | | | 50 |
| 무게 총합 | 무게의 총합은 앞에서 설명한 드론 제작 시 모터를 선택하는 근거가 된다. | | | 823 |

앞에서 설명한 모터의 선택에서 설명한 '모터 1대의 최대 추력(580g) 〉 드론 총무게의 1/2(411.5g)'으로 충분한 추력의 모터 선택임을 확인할 수 있다.

위의 부품은 필수적인 부품만을 나열한 것이다. 필요에 따라 GPS 수신 상태나 Arming 상태를 빛과 소리로 알려 주는 LED 장치나 일정 전압 이하를 알람으로 알리는 부품 등이 부가적으로 사용될 수 있다.

# OSD(On Screen Display) 펌 업 과정

설명하려는 OSD의 펌 업 과정은 RadioLink의 OSD를 사용하는 경우의 과정이다. 앞에서 언급했듯이 비교적 절차가 간단하기 때문에 이 OSD를 이용한 과정을 설명하는 것으로 제품의 제조사와는 관계없음을 이해하기 바란다.

① 컴퓨터에서 구글에 접속해 'RadioLink OSD Tool'을 검색한다.

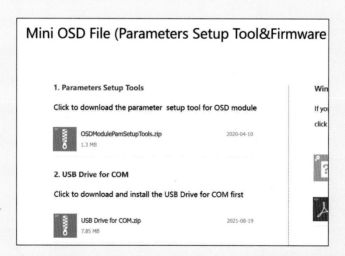

② 위 사진의 밑줄 친 곳을 클릭한다.

아래와 같은 화면이 나타난다. 이때,

'1. Parameters Setup Tools'의 'OSDModulePamSetupTools. zip'을 클릭한다.

③ 다운로드된 zip 파일을 선택하여 확인하거나 내 컴퓨터의 '다운로드'에 들어가 OSD 펌 파일을 확인한다.

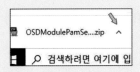

④ zip 파일 압축 풀기를 한다.

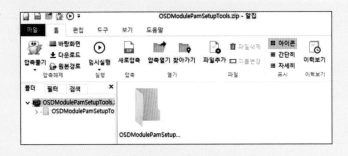

⑤ 내 컴퓨터의 다운로드 장소에서 'OSD Tools' 파일을 확인하고 클릭한다.

⑥ 아래 화면의 여러 가지 구성파일 중 'OSD_Config.exe'를 마우스 왼쪽으로 더블클릭한다.

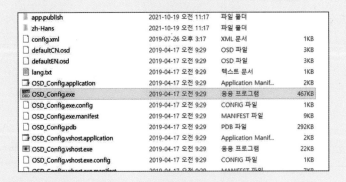

드론 제작 실전

⑦ 다음과 같이 비행정보의 선택과 구성할 첫 화면이 나타난다.

이 화면의 맨 하단 좌측의 'Serial Port: Com 숫자'에 자신이 사용하려는 OSD의 고유한 'Serial Port'를 '내 컴퓨터'에서 찾아 화살표를 클릭하고 숫자를 넣어 주어야 한다. (OSD를 컴퓨터와 연결하면 자동 인식되어 COM화살표를 클릭하면 숫자가 자동으로 나타나기도 한다.)

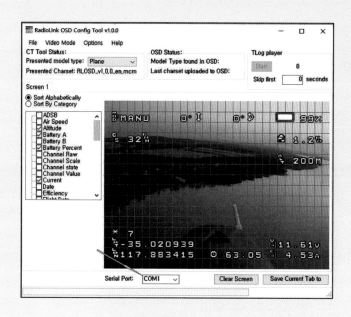

⑧ 내 컴퓨터에서 OSD 전용 통신포트 'Serial Port: COM 숫자'를 찾는 방법은 다음과 같다.

· 방법1: '내 컴퓨터≫파일≫속성≫장치관리자≫포트(COM& LPT)'

· 방법2: 컴퓨터 화면의 윈도우 시작 표시 클릭하고 '제어판≫장치관리자≫포트(COM&LPT)'

개인이 사용하는 컴퓨터의 사양에 따라 방법의 차이가 있으나 '장치관리자'를 찾아 클릭하면 아래 사진과 같은 여러 항목이 나타난다. 이 중 '포트(COM&LPT)'를 더블클릭하면 할당된 'COM 숫자'가 표시된다.

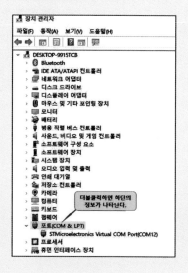

이렇게 찾은 숫자를 'Serial Port: COM 숫자'에 입력한다. (컴퓨터의 사양에 따라 다르지만 이와 같은 과정 없이 OSD를 컴퓨터와 연결하고 OSD 펌 툴을 열면 자동으로 할당된 숫자가 확인되는 경우도 있다. OSD 구성 첫 화면 하단의 'Serial Port: COM 숫자'의 아래 화살표를 클릭했을 때 표시가 없으면 '방법1' 또는 '방법2'를 실행하여 찾아야 한다.)

⑨ 사용할 OSD의 'COM 숫자'를 찾았다면 다운로드한 'OSD Tools'를 실행하여 '⑦' 화면에 'Serial Port: COM 숫자'를 확정하여 선택한다.

⑩ 화면 좌측 상단 'Options'을 클릭하여 'language(언어)'를 '영어'로 선택한다. (영어와 중국어를 선택할 수 있다. 아쉽게도 한국어는 설정 항목에 없다.)

이때 하단의 'Serial Port: COM 숫자'가 처음 숫자인 'COM1'로 바뀌었으면 다시 자신이 사용할 'Serial Port: COM 숫자'로 변경해야 한다.

⑪ 기체의 모델 타입을 'Copter'로 바꾸어 준다. (기체가 고정익의 경우 'PLANE'을 선택한다.)

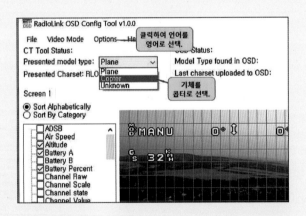

⑫ 좌측의 비행정보의 종류를 클릭해 보면 사각형 안에 'V' 표시가 나타나면서 오른쪽 비행화면에 해당 정보도 함께 표시되는 것을 확인할 수 있다. 필요하지 않은 것은 'V' 표시를 다시 클릭하면 사각형 안에 표시가 사라지면서 동시에 정보표시화면의 정보도 사라지는 것을 확인할 수 있다. 이러한 방법으로 사용하고자 하는 필요한 비행정보 표시를 모두 선택한다.

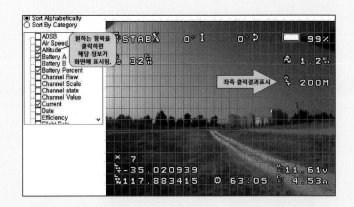

⑬ 'V' 표시로 선택된 모든 비행정보 표시를 자신이 원하는 화면의 위치로 옮겨 비행 중에도 정보 확인이 쉽도록 배치해야 한다. 이때 옮기고자 하는 화면의 정보표시에 마우스를 가져가 왼쪽 버튼을 한 번 클릭 후 드래그(끌기) 하여 화면의 원하는 위치에 놓고 마우스 왼쪽을 놓으면 그 자리에 정보표시가 고정된다.

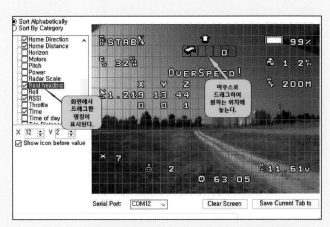

화면 구성은 가능하면 중심에 가깝게 배치하는 것이 유리하다.
그래야 영상모니터 화면에서 잘린 정보표시 없이 모든 비행정보를 볼 수 있다.

⑭ 화면 구성이 완료되었으면 화면의 오른쪽 하단에 있는 'Save Current Tab to'를 클릭한다. 그러면 하단에 비행정보표시가 저장되었음을 알리는 메시지가 나타난다. 이러한 과정이 완성되면 OSD 연결도와 같이 부품들과 연결하여 영상모니터를 확인하고 수정하여 최종적으로 드론 제작 실전에 사용한다.

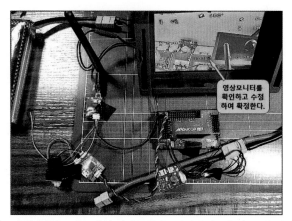

위 사진은 OSD 연결도와 배선관계 그리고 펌 업 과정을 거치고 비행에 필요한 정보들을 화면에 구성한 결과이다.

• OSD 화면 구성에 많이 사용하는 항목들

- Altitude: 비행 고도.

- Battery Percent: 배터리 사용량.

- Date: 비행 날짜.

- Flight Mode: 선택한 비행모드 표시.

- GPS HDOP: GPS 수신 상태값. (값이 2.0보다 작은 값일 때 수신 상태가 안정적.)

- Home Direction: 처음 이륙한 홈 위치의 방향.

- Home Distance: 드론과 홈 위치의 직선거리.

- Horizon: 비행 시 수평 정도.

- Time: 비행시간.

- Velocity: 비행속도.

- Vibration: 비행 진동값.

- Visible Sate: GPS가 접속하고 있는 인공위성 개수.

- Warning: 비행 중 위험 사항을 알림.

- Wind Speed: 불어오는 바람의 속도.

위에 나열한 항목들은 주로 많이 사용하는 것들을 소개한 것이다. 위에 나열한 항목 이외에 본인이 필요한 정보를 선택하여 사용한다.

드론 제작 실전

# AT9S 조종기(TX) 세팅(Setting) 작업

조종기와 수신기의 바인딩 작업 전 또는 후에 사용할 멀티콥터(Multi Copter)형 드론에 대한 정보를 조종기에 미리 세팅해야 한다. 드론을 처음 제작하는 사람에게 조종기 세팅 작업은 간단하지 않다. 많은 요소들에 대한 정보를 숙지하고 이 정보들을 조종기에 정확하게 입력해야 손실 없이 사용이 가능하다.

조종기에 대한 매뉴얼은 대부분 영어로 되어 있고 표현 또한 어눌한 경우가 많다. 가격 대비 가성비가 좋은 조종기로 선택한 'AT9S' 매뉴얼 역시 RadioLink사가 제공한 영어 매뉴얼로 세부설명 없이 이해하기 어렵게 되어 있다. 그래서 내가 사용해 본 경험을 바탕으로, 제작한 드론의 안정적 비행에 꼭 필요한 요소들을 함축하여 설명한다.

• 첫째 요소 - 조종기 사용 배터리

① 조종기의 뒤쪽 아래 뚜껑을 아래로 밀면 배터리를 넣는 공간이 확보되어 있다. 여기에 Lipo 배터리 2S~4S를 체결하여 사용할 수 있다.(여러 개의 AA 건전지를 사용할 수도 있지만 소비가 많아 권장하지 않는다.) 3S 중 배터리 함에 넣고 커버를 닫을 수 있는 1500~1800mAh를 추천한다.

② 조종기에서 돌출된 (+), (-) 핀에 JST 커넥터 암놈과 XT60 암놈을 전선으로 납땜하여 Lipo 배터리 XT60 수놈을 꽂아 사용하면 간편하다.

• 둘째 요소 - 조종기 스위치의 주요 기능

① 15대의 드론을 사용할 수 있다. 즉, 한 대의 조종기와 15개의 수신기를 연결하여 사용할 수 있다.

② 드론 조종에 부가적 기능을 완수할 3단 또는 2단으로 된 8개의 스위치와 2개의 다이얼 스위치, 2개의 슬라이더 스위치가 있다.

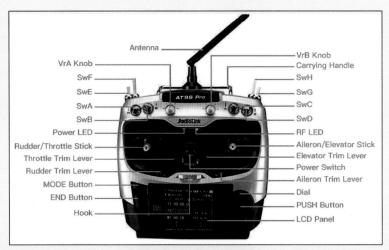

- (SW)A~H까지는 비행을 위한 기본 방향타 A E T R 이외의 비행모드 등 여러 부가 기능을 위한 스위치로 사용한다.
- 노브(Knob)는 다이얼 형식의 가변저항 스위치로 드론의 오토튜닝 또는 카메라 앵글 각도 조절에 사용할 수 있다.
- 트림(Trim)은 드론이 이유 없이 한쪽으로 편류하는 경우 편향의 반대 방향으로 트림값을 주어 편류를 안정화하는 데 사용한다.
- Mode Button을 한 번 또는 두 번 누르면 조종기의 여러 항목이 LCD Panel에 나타난다.
- Dial과 Push Button은 Mode Button으로 나타난 항목을 좌우로 돌려 선택하고 확정할 때 사용한다.
- End Button은 이전 화면으로 돌아가야 하는 경우 또는 메뉴를 종료할 경우 사용한다.

- 뒷면 VRC와 VRD는 슬라이드 형식의 가변저항. 스위치로 오토튜닝 등에 사용할 수 있다.

• 셋째 요소 – 파워(Power) 버튼 올린 후 LCD 표시

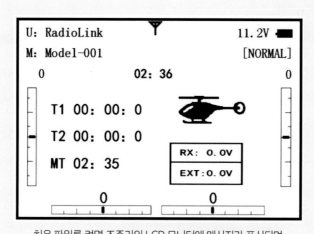

처음 파워를 켜면 조종기의 LCD 모니터에 메시지가 표시되며
경고음이 지속되는 경우 LCD 모니터 오른쪽 다이얼 스위치를 돌리거나 스로틀 스위치를 내리면 경고음이 멈춘다.

① M: 'Model-001' 표시는 15대까지 사용 가능한 드론의 일련번호이다. 드론의 고유 명칭을 정해주면 Model 숫자 대신 고유 명칭이 표시된다.

② 중앙의 '02:36' 표시는 조종기를 처음 켜는 순간부터 적용되는 조종기 총사용 시간을 뜻한다.

③ 'T1'과 'T2'의 '00:00' 표시는 사용한 드론의 비행시간을 표시한다. 단, 별도의 설정 과정이 필요하다.

④ 'MT 02:35' 표시는 드론의 누적 비행시간을 표시한다.

⑤ '헬리콥터' 표시는 선택한 드론 기체 종류를 표시한 것이다. 별도의 설정 과정 후 자동으로 표시된다.

⑥ 'RX:0.0V'와 'ETX:0.0V' 표시는 사용 중인 수신기의 현재 전압을 표시한다. 수신기에 RSSI 기능이 있는 경우에 작동한다.

⑦ 4개의 '자 모양 눈금' 표시는 양쪽 스틱으로 조종되는 A, E, T, R의 트림값의 위치를 표시해 준다.

⑧ '안테나' 표시는 조종기와 수신기의 수신 상태의 정도를 표시하며 5개 모두 표시된 상태가 가장 양호한 수신 상태다.

⑨ '11.2V' 표시는 조종기 배터리의 현재 전압을 표시한 것이다.

⑩ '[NORMAL]' 표시는 비행 중인 드론의 비행모드를 표시한다.

• 넷째 요소 - 'Mode'와 'End' 버튼으로 메뉴 선택하기

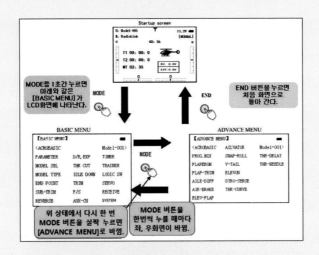

① 위 사진과 같이 [BASIC MENU]나 [ADVANCE MENU]에서 LCD 모니터의 오른쪽 다이얼을 돌리면 각각의 항목으로 흰 바탕의 박스가 움직이고 이때 필요 항목에서 Push 버튼을 누르면 선택한 항목의 입력 내용들이 LCD 화면에 나타난다.

② 선택할 항목들을 오른쪽 다이얼을 돌려가며 모두 입력한 후 좌측의 END 버튼을 누르면 이전 화면 또는 처음 화면으로 돌아간다.

### 다섯째 요소 - 드론(Multi Copter)과 연동할 필요선택 입력 항목

A. [BASIC MENU]의 필요 항목 선택.

① [PARAMETER] 항목 선택 후 Push 누르고 스틱모드(STK-MODE) 변경.

스틱모드를 '1 → 2'로 변경하고 Push 버튼을 눌러 확정한다. (스틱모드를 '2'로 변경해야 스로틀 스틱을 왼쪽 손으로 조작할 수 있다. 스틱모드가 '1'인 경우 스로틀 스틱은 오른쪽 스틱으로 할당된다.)

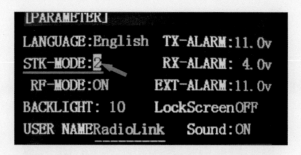

② [MODEL TYPE] 항목 선택 후 Push 누르고 드론의 기체 형태 선택.

　　[MODEL TYPE] 항목에서는 처음 'TYPE:HELICOPTER'의 커서를 다이얼을 돌려 TYPE을 'MULTIROTOR'로 변경한 후 Push를 눌러 확정한다. 확인을 위해 [MODE SEL.]을 선택하여 들어가면 로고가 헬기 모양에서 쿼드콥터 모양으로 변경된 것을 확인할 수 있다. 만일 기체 형태 선택을 잘못한 경우 'RESET:Execute' 버튼을 1초 동안 눌러 선택 사항을 초기화한 후 다시 선택한다.

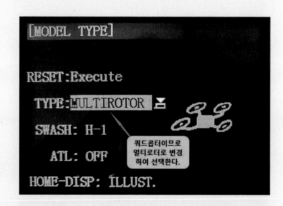

③ [MODEL SEL.] 항목 선택 후 Push 누르고 모델 이름 설정.

　　[MODEL SEL.] 항목의 아래에 'NAME:Model-001' 위치에서 다이얼의 Push를 누르면 하단에 문자판이 나타난다. 다이얼을 돌려 원하는 문자에서 Push 버튼을 눌러 첫 번째 콥터의 이름을 정해준다.

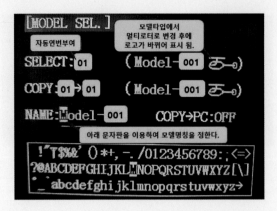

④ [REVERSE] 항목 선택 후 Push 누르고 조종기 스틱 반대 방향 선택.

[REVERSE] 항목을 Push 버튼을 눌러 들어가면 화살표(→)가 '1:AILE NOR'에서 깜박이고 있다. 이것을 다이얼을 오른쪽으로 돌려 '3:THRO'로 옮긴 후 Push 버튼을 누르면 LCD 화면 왼쪽에서 'REV'와 'NOR' 둘 중에 한 가지를 선택할 수 있게 되어 있다. 'REV'에 커서를 옮기고 Push 버튼을 눌러 확정한다.

조종기와 수신기의 선택에 따라 'REV'를 선택하는 사항이 조금씩 다를 수 있다. APM과 픽스호크 F.C.는 기본적으로 '2:ELEV'를 'REV'로 변경하는 경우가 대부분인데 AT9S Pro 조종기는 자동으로 '2:ELEV'를 'REV'로 변경하지 않아도 'REV'로 작동하도록 구성되어 있다. AT9S Pro 조종기에서는 '3:THRO'을 'REV'로 변경하여 사용한다.

![REVERSE 설정 화면: CH3:THRO, REV NOR, CH9 : NOR, CH10: NOR, 1:AILE NOR, 2:ELEV NOR, → 3:THRO REV, 4:RUDD NOR, 5:ATTI NOR, 6:AUX1 NOR, 7:AUX2 NOR, 8:AUX3 NOR]

드론 제작 실전

⑤ [F/S] 항목 선택 후 Push 누르고 페일세이프(Fail Safe) 설정.

페일세이프란 드론이 비행 중 여러 조건에 의해 유실될 수 있는 상황에 대한 안전조치로 수신기 신호의 유실, 최저 배터리 잔량 이하 등의 조건에서 드론의 안전을 보장하고자 설정하여 유실을 최소화하려는 안전장치이다.

여기에서는 조종기와 수신기 사이의 페일세이프 과정만을 설명한다. 그러나 이 또한 비행프로그램 미션플래너에서 최저 PWM 값을 함께 설정해야 하기 때문에 일단 설명을 하지만 학습자는 미션플래너 페일세이프 과정에서 이 내용을 다시 한번 확인하기 바란다.

(1) AT9S Pro 조종기의 트림.

트림 스위치를 아래로 내려, 값이 '-120'이 되도록 설정한다.

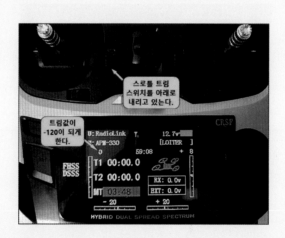

(2) 조종기 Mode 버튼을 1초간 눌러 [BASIC MENU]로 들어간다.

(3) [BASIC MENU] 중에 'F/S' 항목을 선택하고 스로틀 스틱을 최저로 내린 상태를 계속 유지한 채 다이얼의 Push를 눌러 [F/S] 항목으로 들어간 다음 다이얼을 돌려 화살표를 3:THRO로 옮긴다.

CH3:THRO의 'NOR'과 'F/S' 중에 'F/S'로 옮겨 Push를 눌러 확정한다. 그 후 다이얼 스위치 자체의 왼쪽 부분을 눌러 LCD 화면에 최저 스로틀값이 3%로 변경된 것을 확인한 후 스로틀 스틱을 놓는다.

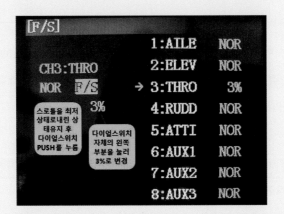

(4) 조종기 전면의 End 버튼을 눌러 LCD의 처음 화면으로 나간 후 스로틀 트림 스위치를 위로 올려 트림값이 처음처럼 '0'이 되게 한다.

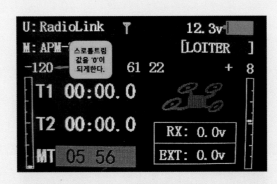

이와 같은 과정으로 AT9S 조종기에서 페일세이프를 설정하는 과정은 끝났지만 비행프로그램 미션플래너의 페일세이프 과정에서 이 내용을 연결하여 다시 확인해야 한다.(비행 프로그램과 연동해야 정상 작동을 확인할 수 있다.)

⑥ [AUX-CH] 항목 선택 후 Push 누르고 드론 비행에 필요한 4개의 기본 채널 A(Aile), E(Elev), T(Thro), R(Rud)을 제외한 CH5→[ATTITUDE]의 비행모드 선택과 기타의 스위치에 CH6~CH10을 할당.

(1) Mode 버튼을 1초간 눌러 [BASIC MENU]에 들어간 후 다이얼을 돌려 'AUX-CH'에 맞춘다.

(2) Push 버튼을 눌러 [AUX-CH]로 들어간다.

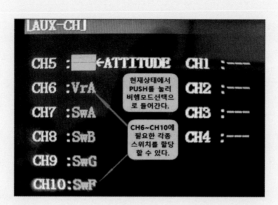

(3) CH5:—←ATTITUDE 상태에서 Push 버튼을 눌러 [ATTITUDE] 항목으로 들어가면 아래 사진과 같이 6가지의 비행모드를 선택할 수 있게 자동 설정되어 있다.

조종기의 스위치C와 스위치D를 움직여 보면 'ON'의 위치가 바뀌는 것을 확인할 수 있을 것이다. 이때 오른쪽 다이얼 스위치를 돌려 보면 커서가 한 칸씩 움직인다. 커서를 왼쪽의 비행모드 종류에 둔 후 Push를 눌러 필요 비행모드를 선택하고 다시 Push를 눌러 비행모드를 확정한다. 이와 같은 방법으로 나머지 비행모드들을 확정한다.

〈주의〉

설정한 비행모드는 F.C. 보드와 미션플래너의 비행모드가 일치해야 한다. APM과 픽스호크 F.C.에서 사용할 여러 가지 비행모드 종류와 특징에 대해서는 뒤의 P218에서 설명한다.

(4) 비행모드 설정 완료 후 End 버튼을 누르면 2)의 화면으로 복귀하는데 이때 다이얼을 돌리면 CH6~CH10에 할당할 스위치의 종류를 선택할 수 있게 되어 있다.

예를 들어 CH6:VrA 상태에서 Push 버튼을 누르면 커서가 깜박인다. 이때 다이얼을 돌리면 CH6에 할당할 스위치의 종류가 바뀐다. 이때 원하는 스위치의 종류에서 멈춘 후 다시 Push를 눌러 확정한다. 이 같은 방법으로 필요 채널에 스위치를 할당하여 사용한다.

⑦ [TIMER] 항목 선택 후 Push 누르고 타이머(TIMER) 설정.

'T1, T2' 두 개의 타이머를 설정할 수 있게 되어 있다. 타이머 설정은 드론 비행에 필수 항목은 아니지만 배터리 용량에 따른 비행시간을 체크하고 확인해야 하는 경우도 있기에 설정해 놓으면 편리할 수 있다.

(1) [BASIC MENU]에서 'TIMER' 항목을 선택한 후 Push를 누른다.

(2) 아래 사진과 같이 다이얼을 돌려 커서를 옮기고 Push를 눌러 확정한다. 특히 밑줄 그어 놓은 항목을 잘 확인하고 사진과 같이 확정한다.

(3) 위와 같이 설정이 완료됐으면 End를 눌러 처음 화면으로 간다.

(4) 조종기를 켜고 스위치 'A'를 내린다. 이어서 스로틀 스틱을 위로 올리고 LED 화면의 'T2'를 확

인해 보면 시간 카운트가 시작된다. 이것은 드론의 비행 시작과 함께 카운트되어 드론 비행시간을 확인하기 위한 것으로 스위치 'A'를 다시 올리면 '0'으로 돌아간다.

(5) 조종기를 켜고 스위치 'B'를 내린 후 LED 화면의 'T1'을 확인해 보면 시간 카운트가 시작된다. 이것은 타이머가 필요한 어떤 임의의 상황 발생 시 사용하기 위한 것으로 스위치 'B'를 내렸을 때 시작하고 올렸을 때 '0'으로 돌아간다.

⑧ [SERVO] 항목 선택 후 Push 누르고 각 채널의 서보 작동이 올바른지를 확인.

[SERVO] 항목은 설정을 위한 것이 아니다. 본인이 설정한 각 채널들의 서보 작동이 정확하게 이루어지는지와 어떤 채널에 어떤 스위치 등이 연결되어 서보가 작동하는가를 확인하고 잘못된 것이 있으면 해당 채널을 찾아 바른 연결을 해 주는 일종의 서보 확인 장치라 생각할 수 있다.

· 다음 사진과 같이 작동되어야 한다.

(1) CH3의 스로틀은 역방향으로 움직여야 정상이다.

앞에서 작업한 '③ [REVERSE]' 항목에서 역방향으로 설정했기 때문이다. 이것이 역방향으로 움직이지 않으면 [REVERSE] 항목으로 돌아가 꼭 역방향으로 설정해야 한다.

(2) A, E, T, R이 CH1~CH4까지 사진과 같은 순서대로 설정돼야 한다. 만일 배정 순서가 같지 않다면 '① [PARAMETER]' 항목 '스틱모드(STK-MODE)'가 '2'로 변경 되었는지 확인해 본다. (조종기의 왼쪽에 스로틀 스틱이 있는 모드2를 기준한 설명이다.)

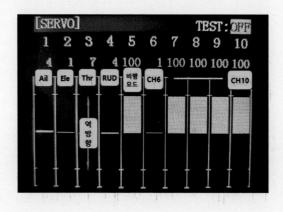

⑨ [SYSTEM] 항목 선택 후 Push 누르고 'OUT:PPM' 항목 확인.

[SYSTEM] 항목에서는 특별히 설정할 것은 없으나 'OUT:PPM' 항목을 다이얼을 돌려 선택한 후 Push 버튼을 누르고 다이얼을 돌려 보면 'PPM', 'SBUS', 'CRSF' 3가지 항목이 있음을 확인할 수 있다. APM F.C.는 PWM 프로토콜을 사용하므로 AT9S 조종기에서는 이미 기본적으로 맞추어진 PPM을 변경 없이 사용한다. 만일 픽스호크 F.C.와 같이 S-BUS를 사용한다면 이곳의 항목을 SBUS로 변경한다.

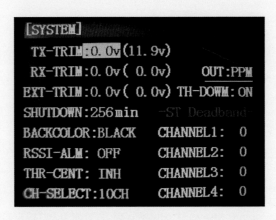

⑩ [MODEL SEL.] 항목 선택 후 Push 누르고 SELECT: /COPY: /NAME: 설정.

[MODEL SEL.] 항목은 '③ [MODEL SEL.] 항목 선택 후 Push 누르고 - 모델 이름 설정'에서 'NAME:설정'만 했었다. 처음 '01번'에 해당하는 절차이기에 모델명을 정해 주고 추후에 유사 멀티콥터들의 명칭과 구분이 명확해야 카피(COPY) 과정에서 혼동하지 않을 수 있어서였다.

[MODEL SEL.] 항목은 엄밀히 구분하면 하나의 조종기를 여러 대의 드론에 사용하기 때문에 복수의 드론 중 사용할 드론 하나를 선택(SELECT)해야 하는 선택적 의미가 있고 또 한 가지는 유사 드론의 앞 모델을 카피(COPY)해서 사용하여 여러 설정에 필요한 수고를 덜려는 'SELECT→COPY'의 의미가 있다.

두 과정을 구분 지어 설명한다.

드론 제작 실전

(1) 여러 모델 중 사용할 모델 선택하기.

a) [MODEL SEL.] 항목에 들어가서 'SELECT:'에서 선택할 모델을 다이얼 스위치를 돌려 찾은 후 커서가 깜빡이는 상태에서 Push를 누른다.

b) 영어로 'Are you sure?'라는 질문이 표시되면 다시 Push를 눌러 선택 모델을 확정한다.

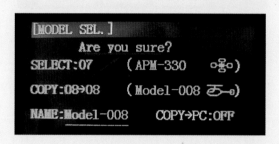

c) End 버튼을 연속으로 눌러 조종기의 LCD 화면을 확인했을 때 선택한 모델명이 맞는지 확인하고 사용한다.

(2) 유사 멀티로터 설정 과정 없이 복사해서 사용하기.

같은 분류에 해당하는 'MULTIROTOR'는 특별한 경우가 아니고는 대부분 'COPY: 전 모델 숫자→후 모델 숫자'로 복사 기능을 이용하여 여러 설정 과정을 생략하고 복사한 모델을 'NAME:_____'만 바꾸어 같은 항목을 여러 번 입력해야 하는 번거로움 없이 편리하게 사용할 수 있게 되어 있다.

a) 아래 사진은 '08' 모델을 '09'에 복사해서 사용하고자 하는 과정으로 'COPY:08→09' 옆의 Push 버튼을 1초 동안 누르라는 명령 로고를 따라 한다.

이 과정에 들어가기 전 복사할 모델을 '(1)'의 과정으로 'SELECT: 복사할 모델 숫자'를 먼저 확정해 놓아야 한다. '(1)'의 과정으로 후 모델의 모델명을 미리 정해 놓고 시작하면 복사 전과 후의 구분이 쉬워진다.

b) Push를 다시 한번 누르면 아래의 사진과 같이 덮어쓰기의 질문 메시지가 나타난다. 이때 Push 버튼을 누른다.

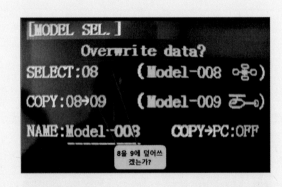

c) '08'의 데이터가 '09'로 옮겨지는 동안 'Data is copying' 메시지가 생겼다가 사라진다. 이 과정으로 '08' 모델과 같은 '09' 모델을 사용할 수 있으나 '09' 모델을 구분하기 위해 새로운 모델명을 정해주어야 하는데 일단은 End를 계속 눌러 조종기의 LED 첫 화면으로 나간다.

**[MODEL SEL.]**
Data is copying....
SELECT:08　　　(Model-008 ⚬웃⚬)
COPY:08→09　　　(Model-009 ⚒⚬)
NAME:Model-008　　COPY→PC:OFF

　　d) 다시 처음부터 [MODEL SEL.]로 들어가 새롭게 카피한 'SELECT:09'를 선택하여 Push를 눌러 새로운 '09' 모델 안으로 진입한 후 다이얼을 돌려 'NAME:___'으로 들어간다. 이어서 다이얼과 Push 스위치로 새로운 모델명을 '09'에게 정해 준다.

　　이것으로 카피가 완료되었다. END 버튼을 계속 눌러 조종기의 LED 화면을 확인해 보면 새로운 모델명과 멀티로터의 로고를 최종적으로 확인할 수 있을 것이다.

　　(3) 추후 AT9S와 RadioLink의 수신기를 다른 종류의 멀티콥터에 사용하는 경우 조종기와 수신기의 바인딩 작업을 완료한 후 조종기의 [MODEL SEL.] 항목을 바로 선택하여 이상과 같은 순서로 전 모델을 카피하여 사용할 수 있다.

　　다소 복잡한 과정이지만 천천히 인내심을 갖고 조작해 보면 성공할 수 있을 것이다.
　　AT9S 조종기는 15대의 드론과 세팅이 가능하다.

　　B. [ADVANCE MENU]의 필요 항목 선택.
　　[ADVANCE MENU]로 들어가려면, Mode 버튼을 1초 동안 눌러 [BASIC MENU]로 들어간 다음 다시 Mode 버튼을 누르면 된다. [ADVANCE MENU]는 특별하게 설정할 항목은 없으나 'ATTITUDE' 항목에서 Push 버튼을 눌러보면 [BASIC MENU]에서 설명한 '⑤ [AUX-CH]의 3)' 항과 같다는 것을 확인할 수 있을 것이다. 즉 비행모드를 설정하려면 [ADVANCE MENU]로 들어가서 바로 Push 버튼을 눌러 비행모드로 들어가 모드 선택으로 설정하는 방법이 더욱 편리하다.

DJI Mavic - 강원도 양양 남애항. 2019년 초여름 어느 날.

드론 제작 실전

제3장

# 외형 완성

제3장은 1장, 2장에서 학습한 드론의 전반적인 지식을 바탕으로 직접 조립하는 과정을 소개한다.

이 교재를 이용하여 직접 조립 과정을 밟으려면 앞서 언급한 기본 부품들과 납땜을 위한 공구들을 준비하고 제공하는 사진과 설명을 확인하며 한 단계씩 진행하면 부품조립이 무난하게 끝날 것이다.

제3장까지는 드론 제작 실전 과정 중 하드웨어(Hardware)에 해당하며 제4장은 비행프로그램 펌업 과정으로 드론 비행 실현을 위한 비행프로그램의 설치 및 활용 방법을 설명한다.

드론 제작 실전

# 01

# 모터와 ESC 조립 준비

① 제작할 드론 프레임을 하부만 가조립하여 모터와 ESC의 연결선 길이를 가늠한다.

② 모터와 ESC 연결 전선의 길이는 4세트를 모두 같은 길이로 맞추어 절단해 놓는다.

또한, 프레임의 빨간색 암을 2번과 4번으로 배치한다고 가정하고 모터의 회전 방향과 프롭 고정 볼트 캡의 색깔도 다음 사진과 같이 관찰해 놓는다.

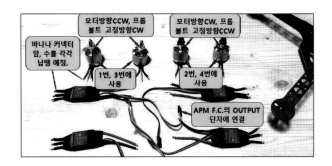

③ 바나나 커넥터 3.5mm 수놈을 모터의 3선에 납땜한다.

솔더링 스테이션(납땜을 편리하게 할 수 있는 보조기구)의 집게에 바나나 커넥터를 고정시킨 후 전선이 들어갈 홈 부분에 납을 녹여 채우고 전기인두로 홈 부분을 가열하여 납이 녹을 때 모터의 전선을 홈 부분에 밀어 넣으면 작업이 편리하고 불량이 거의 없다.

④ ESC의 3선에 바나나 커넥터 3.5mm 암놈을 납땜하고 모든 바나나 커넥터에 절연 튜브를 이용해 절연한다.

모터와 ESC의 연결을 위한 바나나 커넥터는 물품을 구매할 때 동봉해 주거나 미리 납땜까지 완료한 상태로 판매하기도 하지만 전혀 아무런 조치 없이 판매하는 경우도 있기 때문에 모터와 ESC의 구매 시 꼭 확인하고 없으면 커넥터 부품을 별도로 추가 주문하거나 동봉을 요청한다.

이상과 같이 모터와 ESC의 조립을 위한 준비를 완성한다.

# 02 ESC와 센터프레임 하판 PDB 연결

기본형의 센터프레임은 상, 하로 구성되어 있으며 하판은 PDB 역할을 병행한다. 여기에 ESC와 전용 전력공급장치를 납땜하고 APM F.C.도 3M 양면테이프로 처리하여 올려놓는 과정을 설명한다.

제2장의 부품 설명에서 별도의 Matek PDB를 이용하여 센터프레임 하판에 APM F.C.만을 3M 양면테이프로 처리하여 올려놓는 방법에 관하여 설명했었다. 이 두 가지 방법 중 어느 하나를 선택해도 무방하다. 필자는 개인적으로 공간 확보 등의 측면에 후자가 용이하다고 생각하나 단지 개인의 선택 사항이다.

① 센터프레임 하판 바닥의 (+), (-) 사각 전극 표시에 납을 충분히 녹여 먹인다. 미리 어느 정도의 납을 먹여 놓아야 ESC를 연결할 때 납이 자연스럽게 녹으며 전선의 고정이 쉽다. ESC의 전선 쪽도 미리 납을 먹여 준비해 놓고 납땜 연결 작업을 해야 작업이 쉽다. 납땜 작업 시 납이 충분히 녹아 표면에 광택이 있어야 한다. 대충 녹인 상태의 납땜은 충격 등에 의해 떨어져 나가 추락의 원인이 된다.

APM F.C.의 전용 전력공급장치 상단부의 XT60 플러그 암놈 부분의 전선을 적당한 길이로 자른 후
끝부분의 피복을 벗기고 납을 먹어 위 사진의 중앙 위치의 (+: 빨강), (-: 검정)을 지시 부분에 납땜한다.

이것은 배터리 전압이 APM 또는 픽스호크 전용 전력공급장치의 전압강하(JST-PH 6P)로 F.C.에 필요한 약 5V의 전압을
공급하고 전력공급장치의 상단은 그대로 3S에 해당하는 전압을 하단 센터프레임 PDB를 통해 분배, 각각의 ESC에 공급되게 한다.

② 4개의 ESC는 프레임 암의 상단 또는 하단에 위치하고 케이블 타이로 고정하는 것이 일반적이다.
적당한 위치를 잡아 ESC의 2선(빨, 검) 길이를 가늠하여 잘라내고 끝단을 처리한 후 납을 먹어 놓는다.

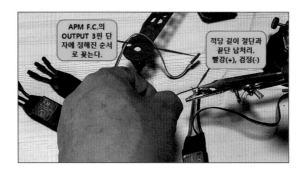

③ 4개의 ESC를 센터프레임 하판에 빨간 선은 (+)에 검정 선은 (-)에 각각 납땜한다.

# 03

# APM F.C. 위치 잡기

① APM F.C.의 구조를 확인하고 전면을 드론의 어느 위치로 정할 것인지와 ESC 및 수신기, GPS 의 배선을 생각하여 위치를 가상으로 설계한다.

APM F.C.는 드론 프레임의 정중앙에 위치하는 것이 바람직하다.
배선 또는 구조적 한계로 정중앙 위치를 고수하지 못하는 부득이한 경우 중앙에서 최소한의 범위만 벗어나도록 하자.

② 좁은 공간에 APM F.C.를 배치해야 하므로 컴퓨터와 APM F.C.를 연결할 USB 포트에 USB 케이블 단자가 원활하게 체결될 수 있도록 공간 확보에 신경 써야 한다.

조립 과정이 끝나면 비행프로그램 미션플래너를 통해 컴퓨터와 APM F.C. 사이를 연결하기 위하여
수십 차례 USB 케이블을 USB 포트에 꽂았다가 빼는 과정을 반복할 것이다.
따라서 공간 확보가 정확하게 이루어지지 않으면 센터프레임 상판을 분해해야 하는 번거로움이 발생한다.

③ ①, ② 항을 고려하여 APM F.C. 프레임 뒷면에 3M 양면테이프를 여러 겹 붙인다.

3M 양면테이프를 여러 겹 겹치면 미세진동을 흡수하는 효과가 있다.
APM F.C.뿐 아니라 모든 F.C.는 진동에 예민하다. 진동은 F.C. 내의 여러 센서값의 안정적 처리에 불안 요소로 작용하기 때문이다.

# 04

# APM F.C. 방향과 모터 방향, ESC 순서

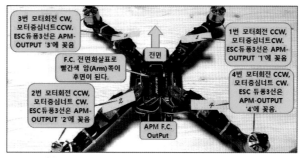

3번 모터회전 CW, 모터중심너트 CCW. ESC 듀퐁3선은 APM-OUTPUT '3'에 꽂음

1번 모터회전 CCW, 모터중심너트 CW. ESC 듀퐁3선은 APM-OUTPUT '1'에 꽂음

F.C. 전면화살표로 빨간색 암(Arm)쪽이 후면이 된다.

전면

2번 모터회전 CCW, 모터중심너트 CW. ESC 듀퐁3선은 APM-OUTPUT '2'에 꽂음

4번 모터회전 CCW, 모터중심너트 CW. ESC 듀퐁3선은 APM-OUTPUT '4'에 꽂음.

APM F.C. OutPut

앞서 설명한 '제1장 드론 부품의 개념과 원리 이해'의 '모터 수에 따른 콥터의 명칭과 회전 방향 및 F.C.의 연결 관계'에서도 충분한 설명이 있었다. 참고하기 바란다.

① APM F.C.를 사진과 같이 두었을 때 2번, 4번 암은 빨간색으로 후면에 배치하여 비행 시 전후 방을 구분하기 쉽게 한다.

② 모터 4개의 회전 방향과 너트의 조임 방향이 반대이며 모터의 배치는 X자 방향으로 같은 방향 이며 순서 또한 정해져 있다. 이 방향이 바뀌면 시동과 동시에 드론이 날지 못하고 뒤집힌다.(APM 과 픽스호크 계열은 같은 방향이나 다른 종류의 F.C.는 이 방향과 같지 않을 수 있다. 부품 구입 시 설치요령에 대한 정보를 충분히 숙지하고 다루어야 한다.)

③ 4개의 ESC를 APM F.C.의 OUTPUT과 체결할 때 사진과 같이 X자 순서로 3핀 단자에 꽂아야

**제3장** 외형 완성

한다. (ESC 배치 순서를 지켜야 한다. 순서가 바르지 않으면 시동과 동시에 드론이 뒤집히거나 조종과 달리 움직이며 통제 불가능 상태로 소실될 수 있다.)

드론 제작 실전

# 05

# APM F.C.와
# 전력공급장치(모듈) 연결

앞서 설명한 '제1장 드론 부품의 개념과 원리 이해'의 '모터 수에 따른 콥터의 명칭과 회전 방향 및
F.C.의 연결 관계'에서도 충분한 설명이 있었다. 참고하기 바란다.

① APM F.C. 전용 전력공급장치(모듈)의 윗부분 XT60 플러그의 (암)이 있는 부분을 자른 후 끝
처리를 한다. 끝단에 납을 먹이고 센터프레임 하판 PDB의 모듈 납땜 자리의 (+)에 빨간 선을, (-)에
검정 선을 납땜해 준다.

② 전력공급장치에서 나온 미니커넥터 JST-PH 6핀을 APM F.C. 전력공급단자에 꽂아 준다. (APM
F.C. 전력공급단자의 핀 방향과 미니커넥터 JST-PH 6핀 방향을 잘 맞추어야 꽂힌다.)

③ 전력공급장치의 XT60 플러그 (수)의 위치를 센터프레임의 상판에 배치할 배터리 플러그
XT60 (암)과 체결할 것을 계산하여 다른 부품에 방해되지 않는 프레임의 적당한 위치에 케이블 타
이로 묶어 고정한다.

# 06

# 조종기와 수신기 바인딩

조종기와 수신기에 대한 설명은 '제2장 부품 선택'의 'AT9S 조종기와 R9DS 수신기 바인딩 순서'에서 이미 학습했다. 참고 바란다.

# 07

# APM F.C.와 수신기 연결

① R9DS 수신기의 오른쪽 측면에 3핀 점프케이블을 꽂아 APM F.C.의 INPUTS에 각각의 숫자에 맞추어 연결해야 한다.

② 다음 사진과 같이 (-), (+), (S)의 순서와 CH1~CH8까지의 순서를 APM F.C.에도 맞추어 선을 연결한다.

오른쪽부터
CH1~CH8

밑에서부터
(+), (-), (S:신호)

R9DS 수신기

'CH1'에만 수신기에
5V 공급을 위해
(-), (+), (s) 3선연결

APM F.C.는 PWM 프로토콜을 사용하므로 8CH의 모든 신호선이 수신기와 연결되어야 한다.

APM F.C.와 수신기를 연결할 때 각 채널의 3핀(3선)×8CH=24가닥의 선을 이용해 연결하면 선 정리가 쉽지 않다.

위의 사진은 선의 가닥수를 최소한으로 하는 방법을 보여 준다.

8CH 중 한 채널은 수신기가 APM F.C.로부터 5V를 공급받아 작동해야 하므로 3핀 3선을 모두 사용하고

나머지 7CH은 신호(S) 선만 연결해도 무방하다.

# 08

# GPS 연결

① 외부 나침반을 사용하기로 한다. APM F.C. 상단의 표면에 'GPS'로 표시된 5핀 포트에 GPS와 연결된 5핀 마이크로 JST-PH 커넥터를 꽂는다.

② APM F.C. 측면에 GPS와 연결된 4핀 마이크로 JST-PH 커넥터를 꽂는다.

③ GPS를 프레임에 부착할 때 F.C.의 전면방향(FORWARD)과 GPS의 전면방향(비행기 그림이 있는 곳이 전면방향)이 일치해야 한다.

'제2장 부품 선택≫GPS 포트'에서 GPS 사용에 관하여 설명하였다. 참고하기 바란다.

이상의 부품으로 뒤의 '전체 부품 배치 사진'과 같이 조립을 완성한다.

# 09

## 통전(通電) 테스트

통전 테스트란, 어떤 전기회로 구성에서 전기를 인가하여 가동하기 전 문제 발생 여부를 확인해 보는 과정을 말한다.

우리는 흔히 어느 시장에서 '합선으로 인해 불이 났다.'라는 뉴스를 듣고는 한다. 여기에서 합선이란 두 양극의 전선이 '맞닿았다.'라는 뜻으로 직류의 경우 (+)와 (-)가 어느 지점에서 합쳐진 상태를 의미한다.

우리는 '제3장 외형 완성' 1~8을 거치며 직접 납땜과 커넥터 등의 연결로 회로를 구성하였다. 이렇게 구성한 회로가 정상 작동하려면 실수 등의 이유로 합선이 되어서는 안 된다. 만일 실수로 합선된 상태에서 배터리를 연결하면 어떤 부품은 타 버려 사용할 수 없다.

드론 제작 실전 시 합선의 원인은 PDB에 (+)와 (-)를 반대로 납땜했거나 절연을 정확하게 하지 않는 등 허술한 납땜이 대부분이다. 정확한 확인과 꼼꼼한 제작 과정이 요구된다.

통전 테스트, ESC 정상 확인 과정은 아래와 같다.

① 테스터의 다이얼을 '통전실험모드' 로고에 맞추고 (+)프로브와 (-)프로브의 쇠 부분을 서로 겹

쳐 테스터가 내는 이상 신호음을 확인한다.

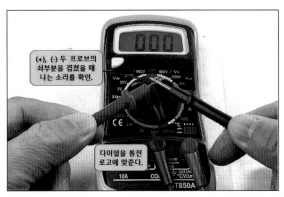

드론 회로를 구성한 후 빨강과 검정의 두 프로브를 회로의 같은 극끼리 닿게 하면 신호음 소리가 난다.
회로의 (+)와 (-)에 프로브를 각각 닿게 했을 때 같은 소리가 난다면 배터리를 연결해서는 안 된다.
비정상(합선)이므로 회로 점검이 필요하다.

　② 납땜이 완료되고 회로가 모두 구성된 후 배터리를 연결하기 전에 추후 배터리를 연결할 전력
공급장치의 (+)에 빨강 프로브를, (-)에 검정 프로브를 찍어 본다.

위의 사진과 같이 테스트했을 때 ①과 같은 이상 신호음이 난다면 합선된 상태로 불량이다.
배터리를 절대 연결하지 말고 다시 분해하고 점검하여 원인을 찾아야 한다.

　③ 그라운드(Ground)(-) 점검: 그라운드는 회로의 기본 바탕으로 모두가 하나로 연결되어 있어
야 한다. 다음 사진과 같이 그라운드(-) 점검 시 테스터의 저항값이 '0'이어야 한다. 또한 그라운드
(-) 점검 시 테스터 기기에서 이상음이 나는 것이 정상적인 것이다.

소리가 나지 않으면 이 경우 회로가 단선(회로의 구성이 단절되었음.)되었음을 의미한다.

회로 중 또 다른 여러 (-)를 찍어 점검하여 단선을 확인한다.

④ ESC 연결 정상 확인: 사용한 4개의 ESC는 모두 동일 제품으로 각자의 저항값도 큰 차이가 없는 것이 정상이다.

통전 테스트 로고에 다이얼을 맞추고 위의 사진과 같이 점검한다.

이상음이 나지 않고 4개의 저항값이 유사해야 한다.

어느 하나의 유별난 값의 차이는 ESC 불량 또는 회로의 이상일 수 있다.

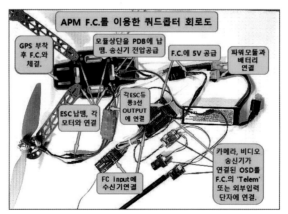

한 장의 사진으로 회로도를 보여 준다. '제3장 외형 완성'을 충분히 이해할 수 있을 것이다.

이 사진의 소프트웨어 요소에 해당하는 조종기와 수신기의 여러 설정과 OSD의 프로그램 Setup 등은 제2장에서 설명했다.

부품의 조립 전에 회로를 완성해 놓고 후에 조립하는 것이 보편적이다.

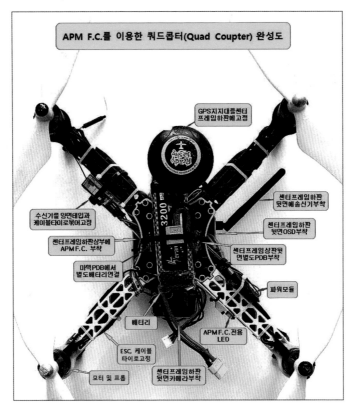

F.C. 보드를 어두운 센터프레임 하판에 배치한 이유가 있다.

F.C. 보드에는 여러 종류의 센서가 있다.

F.C. 보드가 직사광선을 지속적으로 받으면 열전도에 의한 불안 요소가 발생할 수 있다.

특히, 고도를 계산하는 압력 센서의 경우엔 고도 오차의 발생 원인으로 일정 높이를 유지하는 호버링에 영향을 줄 수 있다.

# 비행프로그램
# 미션플래너 작업

제4장은 비행프로그램을 다루는 과정으로 APM 또는 픽스호크 계열의 F.C. 보드를 장착한 드론의 비행 실현을 위한 비행프로그램 미션플래너에 관한 내용을 설명한다.

미션플래너는 전 세계적 공개 프로그램인 오픈소스로 누구나 온라인(On-line)상에서 다운로드 및 업로드 하여 무료로 사용할 수 있다.

미션플래너는 오픈소스 무료 프로그램이지만 매우 다양하고 짜임새 있는 발전적인 프로그램이다. 미션플래너의 무료 오픈은 많은 과학적 발전에 영향을 주었다고 필자는 생각한다. 미션플래너는 비행체뿐 아니라 로봇 등의 자동화 시스템의 발전에도 도움을 주고 있다. 미션플래너는 지금도 진화 중이다. 전 세계 여러 실력자들이 처음 시작점에 새로운 발전적 요소들을 업로드(Upload)하여 점차 발전해 가는 진화 진행형이라고 할 수 있겠다.

비행프로그램 미션플래너의 첫 화면.

# 01

# 미션플래너 다운로드

비행프로그램 미션플래너를 실행하려면 우선 구글에 접속해 내 컴퓨터에 미션플래너를 다운로드해야 한다. 다운로드 과정이 상황에 따라 간단할 수도 있고 매우 복잡한 과정을 거쳐야 다운로드가 실행되는 경우도 있다. 이는 개인별로 사용하는 컴퓨터의 사양에 따라 달라진다. 경험에 의하면 윈도우7에서는 간단하게 미션플래너를 다운받아 실행할 수 있었으나 컴퓨터를 바꾼 뒤 윈도우-10에서는 복잡한 과정을 거쳐야 다운로드 및 실행이 가능했다. 컴퓨터 전문가의 조언에 의하면 미션플래너가 오픈소스이기 때문에 사양이 높은 윈도우-10 컴퓨터에서는 미션플래너가 불량 프로그램일 수 있다고 오인해서 발생하는 문제라고 한다.

위에서 언급한 오인으로 발생하는 문제를 해결하는 방법은 미션플래너 다운로드 과정을 설명한 후 이어서 설명하기로 한다.

다운로드할 프로그램명은 'Mission Planner-latest.msi'이며 방법은 다음과 같다.

① 구글에서 'Mission Planner download'를 입력하여 아래 사진과 같은 창을 클릭한다.

② 미션플래너 다운로드를 위한 안내 화면에서 아래 사진의 좌측 상단의 '다운로드'를 클릭하거나 하단의 방법을 통해서 진입해도 된다. 아래에서는 다운로드한 최신 미션플래너 설치프로그램 파일 중 '.msi' 파일을 더블클릭하여 설치프로그램을 실행하라고 안내한다.

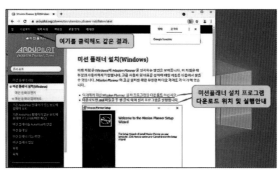

위 사진은 번역을 선택한 경우이다.
번역이 실행되지 않더라도 같은 위치에 같은 내용의 글이 있다.

③ 다운로드가 실행 및 완료되면 컴퓨터 왼쪽 하단에 진행 과정이 표시된다. 다운로드가 완료되면 '.msi'를 클릭하여 프로그램을 연다.

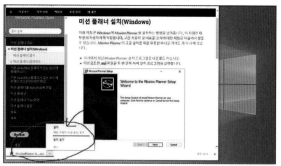

설치 과정이 보이지 않는 컴퓨터는 다운로드 완료 후 다음 경로로 들어가 실행한다.
'내 컴퓨터≫다운로드≫Mission Planner-latest.msi' 더블클릭.

④ 다운받은 미션플래너 프로그램을 내 컴퓨터에 설치하기 위하여 아래 화면이 나타나면 'Remove'를 클릭하여 실행한다.

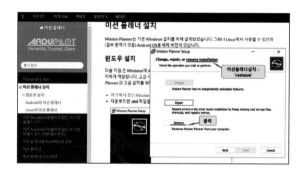

⑤ 아래 사진과 같은 화면에서 'Next'를 클릭한다.

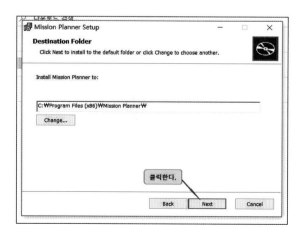

⑥ 미션플래너를 인스톨(Installation)하기 위하여 '설치마법사'를 이용하는데 '설치마법사' 화면을 클릭하면 전면화면으로 변경된다. 이때 마법사 화면의 '다음'을 클릭하면 드라이버가 설치되고 '마침'을 클릭하여 설치를 완료한다.

⑦ 아래 화면의 라이선스(License) 사용에 대한 동의에 체크한 후 하단의 'Next'를 클릭한다.

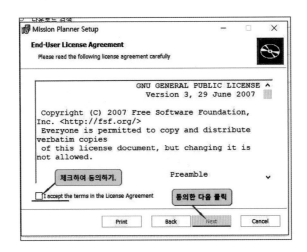

⑧ 마지막 'Finish'를 클릭하기 전 'Launch Mission Planner'를 클릭해 놓아야 비행프로그램 미션플래너의 첫 화면이 뜬다.

⑨ 미션플래너 첫 화면이다. 이 화면을 수없이 여러 번 드나들어야 한다.

앞의 '⑧'까지의 과정을 계속 거쳐 미션플래너의 첫 화면을 연다면 매우 번거로울 것이다.

⑩ 미션플래너의 고유 로고를 내 컴퓨터의 작업표시줄에 남겨 놓았다가 한 번의 클릭으로 시작할 수 있다. 다음 사진과 같이 작업표시줄에서 미션플래너 로고에 마우스를 놓고 우클릭한 후 '작업 표시줄에 고정'을 선택한다. 그러면 지속적으로 로고가 남게 되고 사용 시 한 번의 클릭으로 프로그램이 시작된다.

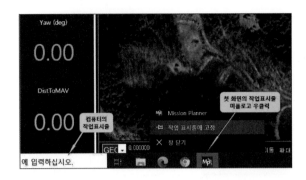

이와 같은 과정으로 미션플래너를 실행하고 제작한 드론에 비행프로그램을 펌 업 한다.

앞에서 언급한 윈도우8 이상부터 발생하는 문제는 윈도우에서 '드라이버 서명 적용 안 함'을 실행하여 해결하는데 과정은 다음과 같다.

a) ③의 과정 후 아래와 같은 화면이 나타날 때.

b) 윈도우 화면의 제일 좌측의 로고를 클릭한다.

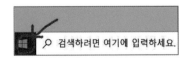

드론 제작 실전

c) '설정'을 클릭한다.

d) 나타난 메뉴 중 '업데이트 복구' 또는 '업데이트 보안'을 클릭.

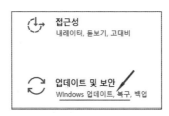

e) '업데이트 및 보안' 메뉴 중 '복구'를 클릭한 후 '고급 시작옵션'의 '지금 다시 시작'을 클릭한다.

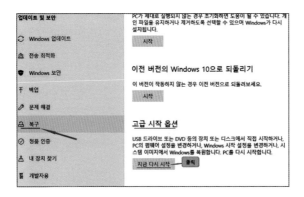

f) 새롭게 부팅이 시작되고 아래와 같은 화면이 나타나면 '옵션 선택'의 '문제해결'을 클릭한다.

g) '문제해결' 메뉴 중 '고급 옵션'을 클릭한다.

h) '고급옵션' 메뉴 중 '시작 설정'을 클릭한다.

i) '시작 설정'의 '드라이버 서명 적용 사용 안 함'을 확인하고 오른쪽 하단의 '다시 시작'을 클릭한다.

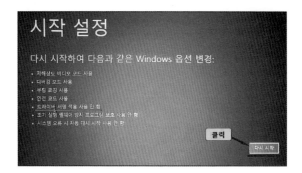

j) 아래와 같은 화면이 최종적으로 나타난다. 이때 'F7' 자판을 눌러 확정하면 재부팅이 시작되고 미션플래너를 설치할 수 있게 된다.

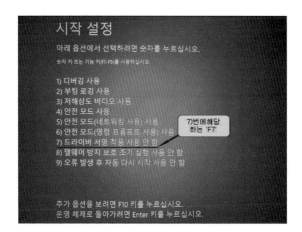

# 플래너(Planner)에서 옵션 선택

미션플래너를 이용해 본격적으로 프로그램 작업 전 '구성/튜닝(CONFIG/TUNING)≫플래너 (Planner)'에서 아래와 같은 두 가지 옵션을 미리 선택한다.

첫째: 미션플래너 화면 구성에 사용할 언어 선택이 있다. 화면의 모든 언어가 영어로 표시되는 것보다는 쉽게 이해할 수 있도록 언어 선택을 'Korean'으로 한다.

둘째: 비행에 필요한 여러 매개변수 값들을 자세하게 확인하고 변화값을 줄 수 있는 선택 사항으로 'Advanced'와 기본 사항만을 취급하는 선택 사항으로 'Basic'이 있다. 둘 중 'Advanced'를 선택하기로 한다.

앞의 두 가지 선택 사항은 다음과 같은 과정으로 확정한다.

① 미션플래너를 컴퓨터 화면에 로딩(Loading)한 다음 아래 사진과 같이 'CONFIG/TUNING'을 클릭한다.

F.C. 보드를 연결하지 않고 미션플래너만 로딩한 상태에서도 작업이 가능하다.

② 'CONFIG/TUNING' 클릭 후 화면의 좌측 표시줄 중에 'Planner'를 클릭하면 아래 사진과 같은

드론 제작 실전

화면이 나타난다. 여러 항목에서 'Layout' 항목을 찾아 오른쪽 박스의 화살표를 클릭하여 'Basic'과 'Advanced' 중 'Advanced'를 선택한다.

③ 위와 같은 화면의 항목 중 'UI Language' 항목의 오른쪽 화살표를 클릭하여 'Korean'을 선택한다.

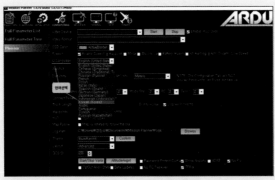

화면의 'Speech'는 F.C.가 미션플래너와 접속이 이루어졌을 때 F.C.의 현재 상태에 대한 내용을
여성 목소리로 들려주는 기능 선택 사항이다.

④ 언어선택 'Korean'을 클릭하면 아래 사진과 같이 '플래너를 다시 시작하시오.'라는 메시지 창이 나타난다. 확인을 클릭하면 미션플래너의 화면이 저절로 사라진다. 이상이 발생한 것이 아니므로 걱정할 필요가 없다. 다시 처음과 같이 미션플래너 로고를 클릭하여 컴퓨터 화면에 비행프로그램을 로딩하면 플래너의 작업표시줄의 모든 항목이 한글로 표시된 것을 확인할 수 있다.

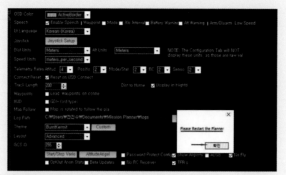

필요 언어를 선택하고 '확인'을 클릭한다.

이상과 같이 '언어와 고급(Advanced) 매개변수' 항목의 선택이 완료된 후 F.C.와 미션플래너를 연결하는 과정은 다음과 같다.

비행프로그램 미션플래너와 F.C. 보드의 연결에 컴퓨터를 매개체로 사용한다. 따라서 5핀 USB 케이블이 필요하다. 제2장과 제3장에서 설명했었다. APM F.C. 측면(픽스호크도 F.C. 측면 또는 LED 하단 모서리)을 보면 5핀 USB 케이블을 꽂을 수 있게 되어 있다. 여기에 케이블을 꽂고 컴퓨터에 연결하고 시작한다.

F.C. 보드와 미션플래너가 정상적인 교통(交通)이 가능하려면 사용하려는 F.C. 보드의 고유한 전용 통로가 있어야한다. 이것을 '전용 통신포트(COM 숫자)'라 한다.

미션플래너를 로딩한 후 USB 케이블을 연결하면 연결음이 난다.

5핀 케이블의 상태가 양호한 것으로 사용하자.
종종 끝이 짧고 불량한 케이블 사용에 의한 접속 불량으로 모든 진행 과정이 실패로 끝나기도 한다.

드론 제작 실전

# F.C. 보드의 전용 통신포트 찾기

F.C. 보드의 전용 통신포트를 찾는 방법은 두 가지가 있다.

· 첫째: 내가 사용할 F.C. 보드의 전용 통신포트를 찾는 첫째 방법은 '내 컴퓨터'에서 OSD 전용 통신포트 'Serial Port:COM 숫자' 찾는 방법에서 설명했었다. OSD 전용 통신포트를 찾을 때는 USB 케이블에 OSD를 꽂고 실행하며, F.C. 보드의 전용 통신포트를 찾을 때는 USB 케이블에 F.C. 보드를 꽂고 실행한다.

제2장에서 설명한 경로를 다시 확인하면 다음과 같다.

방법1: '내 컴퓨터≫파일≫속성≫장치관리자≫포트(COM&LPT)'
방법2: 컴퓨터 화면의 윈도우 시작 표시를 클릭하고 '제어판≫장치관리자≫포트(COM&LPT)'

위의 과정에서 '포트(COM&LPT)'를 더블클릭하면 전용 포트 정보가 나타난다.

· 둘째: 미션플래너를 컴퓨터에 실행해 놓고 USB 케이블로 F.C. 보드를 접속한 상태에서 찾는 방법이다.

방법은 다음과 같다.

① 미션플래너의 첫 화면의 오른쪽 상단의 전용 포트 선택 칸을 'AUTO'로, 통신 속도 선택 칸을 '115200'으로 선택한 후 가장 오른쪽 빨간색 연결포트를 클릭하고 잠시 기다린다.

②'연결' 로고는 빨간색으로 연결 완성(로고가 녹색으로 접속된 표시)이 되지 않았으나 F.C. 보드의 전용 포트 숫자는 'COM6'으로 자동으로 표시되었다.

통신포트 속도 '115200' 선택에 관한 설명은 제1장 텔레메트리에서 설명했다.

③ 미션플래너가 스스로 찾아낸 F.C. 보드의 전용 포트 숫자를 통해 몇십 초 경과 후 접속(connect - 녹색 로고)을 완성한다.

일단, 기본적으로 인터넷이 연결되어 있어야 한다.

위의 과정이 항상 순조롭게 완성되는 것은 아니다. 둘째 방법으로 한 번에 찾지 못하면 몇 번 반복 실행해야 하고 그래도 안 되면 위에서 설명한 첫째 방법으로 전용 포트 번호를 찾아야 한다.
위에서 찾은 F.C. 보드 전용 통신포트 숫자는 해당 F.C.만 연결하게 한다.

전용 통신포트 숫자를 찾기 어려울 때 포트 표시란 선택 중 'AUTO'를 몇 번 반복 클릭하면 해결되는 경우도 있다.

# 02

# F.C. 보드와
# 미션플래너 접속(Connect)

① 미션플래너를 컴퓨터에서 로딩한다.

② F.C. 보드를 컴퓨터와 USB로 연결하고 연결 완성음을 확인한다.

③ 미션플래너 첫 화면에서 F.C. 보드의 전용 'COM 숫자'와 통신속도 '115200'을 확정한다.

④ 미션플래너의 가장 오른쪽 상단의 빨간색 로고를 클릭하여 녹색 연결(Connect)로 바꾼다.

APM F.C.의 LED(표시 불빛)가 청색과 빨강으로 빠르게 깜박인다.

⑤ 잠시 동안 화면 중앙에 매개변수 리스트 메시지가 지나면서 왼쪽 창에 숫자의 변화 등이 생기며 현재 F.C. 보드의 상황에 대한 여성의 안내 목소리가 시작된다.

(처음에는 Planner에서 Speech가 자동 선택되어 안내 목소리가 시작된다.)

APM F.C.의 LED가 빨강으로 천천히 깜박인다.

접속 성공을 의미하는 LED 표시이다.


– APM F.C.의 LED 표시의 의미 –

1. 빨강 - 지속적으로 켜져 있음.(비행준비 완료 상태.)/

한 번씩 깜박임.(모터가 회전할 수 없는 비활성화 상태.)/

두 번씩 깜박임.(아밍 검사 실패.)

2. 노랑 - 보정 또는 자동 트림에 깜박임.

3. 파랑 - 지속적으로 켜져 있음.(GPS가 정상 작동.)/

불이 켜지지 않음.(GPS 작동 없음.)


위와 같은 과정으로 'F.C. 보드와 미션플래너 접속'을 완수할 수 있다.

# 03

# F.C. 보드에 펌웨어 로드
# (firmware load)

퀴드콥터에 장착한 F.C. 보드는 드론의 프레임과 같은 종류의 프로그램 옷을 입혀야 하는데 이러한 과정을 펌웨어 로드라고 한다.

미션플래너의 프로그램에는 자동차, 글라이더, 콥터 등 여러 종류의 기기를 위한 프로그램이 있으며 그중 본인이 사용하고자 하는 프로그램을 'MAVLink'를 통해 F.C. 보드의 미션플래너 위에 받아서 활성화한다.

이러한 과정으로 선택한 퀴드콥터의 매개변수들은 제작한 콥터의 F.C. 보드에 로드되어 퀴드콥터 드론으로서 본연의 임무를 수행할 수 있게 한다.

F.C. 보드에 펌웨어 로드를 하려면 기본적으로 인터넷이 정상적으로 연결되어 있어야 한다. 또한 F.C. 보드와 비행프로그램 미션플래너가 정상 접속되어 있어야 한다.

F.C. 보드에 펌웨어를 로드하는 방법은 다음과 같으며 과정 ①~④까지는 'F.C. 보드와 미션플래너 접속'과 같다.

① 미션플래너를 컴퓨터에서 로딩한다.

② F.C. 보드를 컴퓨터와 USB로 연결하고 연결 완성음을 확인한다.

③ 미션플래너 첫 화면에서 F.C. 보드의 전용 'COM 숫자'와 통신 속도 '115200'을 확정한다.

④ 미션플래너의 가장 오른쪽 상단의 빨간색 로고를 클릭하여 녹색 연결로 바꾼다.

⑤ 미션플래너 상단 작업표시줄의 항목 중 '설정(INITIAL SETUP)'을 클릭한 후 하부 항목의 '펌웨어 설치'를 클릭한다.

⑥ 펌웨어 설치(Install Firmware) 항목 중 쿼드콥터의 항목을 클릭한다.

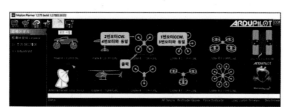

쿼드콥터의 모터 배치 순서 및 모터의 회전 방향은 제1장에서 설명했다.
위의 사진에서 모터 위치의 색상이 다른 것은 모터의 순서 및 회전 방향을 구분한 것이다.

⑦ 선택한 쿼드콥터 항목에 대한 '업로드(Upload)를 원하는가?'를 묻는 메시지에 'Yes'를 클릭한다.

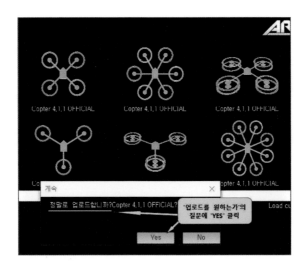

⑧ 업로드를 실행하려면 'MAVLink와 연결되어 있는 F.C. 보드와 통신을 끊어야 한다.'는 메시지이다. 미션플래너 오른쪽 상단 녹색의 접속을 클릭하여 빨간색의 '연결 끊기'로 바꿔야 한다.

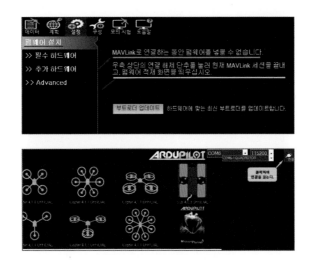

⑨ 접속을 끊고 나면 아래와 같이 '보드에 업로드하겠다.'는 메시지가 표시될 때 'OK'를 클릭한다.

⑩ 업로드 진행 과정은 하단의 흰색 막대그래프가 녹색으로 서서히 채워지며 표시된다. 업로드가 완성되면 왼쪽 하단 녹색 막대그래프 밑에 표시된다.

업로드의 진행이 매우 느리게 진행되다 끊기는 현상 등으로 업로드가 한 번에 성공하지 못하는 경우가 종종 있다.
이때, 재시도를 하겠냐는 메시지가 나타난다.
조급하게 생각하지 말고 'OK'를 클릭한다.
잠시 쉬었다가 라인이 여유로울 때 재시도하는 것도 한 방법이다.

⑪ 업로드가 완성되면, 미션플래너의 첫 화면에서 오른쪽 상단의 접속을 클릭한다. 다음 사진과 같이 중간에 '매개변수(Parameter) 취득'의 메시지와 함께 빠르게 매개변수 항목이 지나간다.

정상적으로 업로드가 이루어지고 미플 화면의 접속을 클릭하면 여성의 안내 목소리와 함께
화면의 좌측 HUD(Head Up Display)창에 F.C. 보드의 현재 상태에 대한 정보가 표시된다.

이상과 같이 F.C. 보드에 한 번의 펌웨어 로드를 하면 다음부터는 F.C. 보드와 미션플래너를 USB 케이블로 연결 후 접속을 바로 클릭하여 비행에 필요한 여러 과정의 변화를 줄 수 있다.

쿼드콥터로 사용한 F.C. 보드를 다른 종류의 펌웨어 종류인 자동차, 글라이더, 헥사콥터 등을 로드하여 사용할 수 있다. 전의 펌 내용을 지우는 과정 없이 새로운 펌의 선택만으로 자동 변환되어 사용할 수 있게 된다. 해당 펌웨어 로드를 위와 같은 방법의 과정을 거치면 사용이 가능하다.

이와 같은 과정을 실행하면 여러 메시지 내용을 접하게 되며 F.C.의 보드(Board) 및 펌웨어가 여러 종류임을 짐작할 것이다. 올바른 보드와 펌웨어를 선택하려면 ArduPilot의 역사에 대한 이해도 필요하다. 아래와 같이 간단하게 소개한다.

# ArduPilot의 역사

- 2009년 최초의 ArduPilot Board 출시, Jordi/3D Robotics.

- 2010년 APM1 출시, 3D Robotics.

- APM 코드 개발.

· Jason - 미션스크립팅, 비행모드 탐색.

· Jose - 코드라이브러리, DCM(자세처리 알고리즘) 및 HW(하드웨어)센서 지원.

· Doug - 고급비행제어, 로깅, DCM.

· Mikes - 매개변수, CLI, 고속직렬, 고급하드웨어 최적화.

- 2011년 APM2 출시, 3D Robotics.

- 2012년 APM2.5/APM2.6 출시, 3D Robotics.

- 2013년 Pixhawk 출시, Lorenz Meier, Mikes/3D Robotics.

- 2016년 3D Robotics의 구조조정과 함께 ArduPilot 커뮤니티에 대한 자금지원이 중단되자 ArduPilot은 'ArduPilot.org'이라는 비영리조직을 설립하고 ArduPilot의 기술과 관련한 기업과의 파트너그룹을 결성.

- 2018년 Copter 3.6.0 펌웨어 출시.

- 2019년 Copter 4.0.0 펌웨어 출시.


※ 이 내용은 'ArduPilot.org'의 'ArduPilot의 역사' 내용을 발췌, 요약 정리한 것이다.

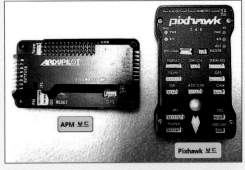

APM F.C.와 픽스호크 F.C. 모두 미션플래너를 이용한다.
두 보드는 하드웨어 구성 차이로 몇몇 매개변수의 차이가 있으나 비행에 필요한 매개변수는 공통적으로 같다.

역사를 보면 APM F.C.는 APM2.6이 마지막 보드(Board)이고 다음 보드는 픽스호크 보드가 출시되었음을 알 수 있다. 픽스호크와 APM F.C.는 같거나 유사한 매개변수로 프로그램과 연결된다는 것을 짐작할 수 있다.

또한 이 책을 집필하고 있는 현재 대부분의 APM F.C.는 APM2.8 보드를 사용하고 있는데 APM2.6과 APM2.8의 차이는 무엇이며 내가 사용할 보드에 맞는 펌웨어는 어떠한 것을 사용해야 하는지 궁금할 것이다.

이 내용을 해결하기 위하여 다음과 같이 정리한다.

① 사용자 시점에서 APM2.8은 APM2.6과 차이가 없다고 보는 것이 저자의 개인적 견해이다. APM2.6과 APM2.8의 모든 센서가 정확하게 일치한다.

그런데 APM2.6은 on-board 나침반이 없으며 이것은 보드 내부의 여러 센서 및 전원, ESC 및 모터에 의한 자기 간섭을 피하기 위함이다. GPS(Ublox M8N)에 별도의 나침반을 장착하여 주변 부품으로부터 가장 멀리 떨어뜨려 전자 나침반 기능을 최대한 안정적으로 사용하려는 의도이다.

APM2.8은 점퍼 핀을 사용(제2장 부품 선택 APM F.C. 사진 설명.)하여 내부 나침반을 사용할 수 있다고 하지만 내부 나침반을 사용할 경우 여러 부품에 의한 자기 간섭의 영향으로 나침반이 불안정해져 시동이 안 걸리거나(disarming) 매우 위험한 비행으로 연결될 가능성이 매우 높다. 이러한 이유로 APM2.6과 APM2.8은 둘 다 GPS를 이용한 외부 나침반을 사용하는 것이 안정적이기 때문에 차이가 없다.

② APM2.6과 APM2.8 그리고 모든 픽스호크 계열의 비행프로그램은 공통적으로 미션플래너를 사용한다. 단, 각 보드의 펌웨어의 종류는 다를 수 있다.

APM2.6과 APM2.8에 업로드가 가능한 펌웨어는 copter 3.2.1이 마지막(마지막 버전이라고 없어지는 것은 아니다. 그 계통으로 버전 발전을 진행하지 않음을 의미한다.)이다. 미션플래너를 시작하고 APM F.C.를 연결한 후 미션플래너의 가장 상단에서 버전을 확인할 수 있다.

APM F.C. 펌웨어용으로는 마지막 버전이며 그 이상의 버전은 픽스호크 F.C.에서 사용한다.

따라서, APM F.C.의 펌웨어 로드 중 "copter 4.X.X OFFICIAL을 업로드하겠습니까?"와 "이 보드는 더 이상 사용되지 않습니다. 미션플래너가 귀하의 보드에 마지막 사용 가능한 버전을 업로드하겠습니다."라는 내용의 의미는 APM F.C.용의 펌웨어는 더 이상 개발하지 않으며 마지막 버전인 'copter 3.2.1'을 업로드하겠다는 것으로 'copter 4.X.X OFFICIAL'을 선택해도 업로드되지 않는다. 'copter 4.X.X OFFICIAL'은 픽스호크 F.C.에서 업로드된다.

펌웨어 업로드의 차이는 매개변수의 종류가 보드의 여러 센서들과 장치에 따라 다르기 때문에 발생한다.

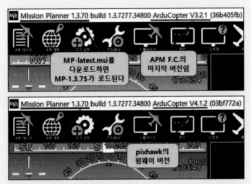

최신 버전 'Mission Planner-latest.msi'를 다운로드하면 'Mission Planner-1.3.75'가 다운로드되지만
개인적으로 'Mission Planner-1.3.70'이 편리해 계속 사용 중이다.

위의 사진은 APM F.C.의 펌웨어 버전이고 아래 사진은 픽스호크의 펌웨어 버전이다.
자신이 사용하는 보드의 종류에 따라 펌웨어 버전이 자동 설정된다.

드론 제작 실전

# 미션플래너란?

미션플래너는 오픈소스 APM 및 픽스호크의 자동조종장치 프로젝트를 위하여 Michael Oborne이 개발한 무료 오픈소스 커뮤니티(Open Source Community) 지원 애플리케이션(Application)으로 Plane, Copter, Rover의 지상관제소(Ground Control Station) 역할을 하고 있다.

미션플래너를 이용하여 할 수 있는 작업은 다음과 같다.

- 차량을 제어하는 APM 및 픽스호크 F.C.에 펌웨어 업로드.
- 사용하는 차량의 성능을 실현하기 위한 구성 및 튜닝.
- 자율임무를 계획하고 저장 및 F.C. 장치에 로드.
- F.C.에 생성된 임무 로그를 다운로드하여 분석.
- 적절한 원격 측정 하드웨어(Telemetry)를 사용하여 차량이 작동하는 동안 차량의 상태 모니터링 및 원격 로그 분석.

미션플래너는 APM 또는 픽스호크 계열의 보드만 있으면 위와 같은 소프트웨어를 무료로 사용할 수 있다.

개발자 Michael Oborne의 미션플래너 무료 오픈은 매우 획기적이며 과학 발전에 커다란 역할을 했다고 필자는 생각한다. 그래서 그의 용기에 감사하다.

무료 사용을 허락하고 지금도 진화가 진행 중인 미션플래너의 개발에 도움을 주는 방법은 기부를 통하여 이루어진다.

# 04

# 미션플래너 첫 번째 화면
# – 비행 데이터(FLIGHT DATA) 기능

'비행 데이터' 화면은 미션플래너가 보드와 성공적으로 접속했을 때 나타나는 첫 화면이다. 처음 창 상단의 메뉴에서 선택한 미션플래너의 주요 항목과 일치되게 구성되어 있다.

미션플래너의 상단 작업표시줄 항목의 종류는 왼쪽부터 다음과 같다.

- 비행 데이터(FLIGHT DATA)
- 비행 계획(FLIGHT PLAN)
- 초기 설정(INITIAL SETUP)
- 구성/튜닝(CONFIG/TUNING)
- 시뮬레이션(SIMULATION)
- 종착지(TERMINAL)
- 도움말(HELP)
- 기부(DONATE)

미션플래너의 상단 작업표시줄 항목의 오른쪽 접속 등은 앞서 설명하였다.

미션플래너의 첫 화면인 위의 사진은 비행에 필요한 여러 항목을 선택하는 기능과 기체(機體)의 현재 상태에 대한
여러 정보를 표시해 주며 원격장치(Telemetry)를 통해 필요한 정보를 비행 중에도 전달할 수 있는
GCS(Ground Control Station - 지상관제소) 역할을 한다.

## 1) HUD(Head Up Display) 화면 표식의 이해

HUD 창은 많은 정보를 전달하는 표식으로 구성되어 있으며 자세한 내용은 아래와 같다.

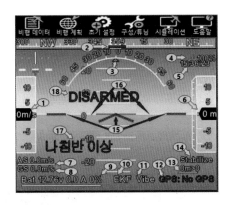

1. 대기 속도(Air Speed) - 대기속도 측정기가 부착되어 있는 경우.

2. 기체의 진행 방향 - 자북(磁北)을 0도로 가정하고 그를 기준으로 한 기체 머리(Head) 방향.

3. 기체의 경사각 기준.

4. 원격측정기의 연결 상태.

5. GPS를 기준으로 한 시간.

6. 고도(Altitude)

7. 공기 속도(Air Speed)

8. 지상 속도(Ground Speed)

9. 배터리 상태(Battery Status)

10. EKF 상태 확인 - 클릭하여 위치 및 자세 센서의 필터링 상태를 확인.

11. 기체의 진동 상태의 확인 - 원격측정장치 사용 시 사용 가능.

12. GPS 상태 확인.

13. 웨이포인트(Waypoint)까지 거리 > 현재 웨이포인트의 번호.

14. 사용 중인 비행모드.

15. 수평을 기준으로 현재 항공기 자세.

16. 인공 지평선 - 기체의 기울기와 반대로 기운다. (계기판에는 기체가 수평을 기준으로 표시되고 있으므로 드론이 오른쪽으로 기울어진다면 인공 지평선은 왼쪽으로 기울어져 보인다.)

17. 기체 상태 메시지 - 기체의 이상 등 기체 상태 메시지가 나타난다.

18. 아밍(Arming) 상태 메시지 - 비행 준비 완료 등 비행 가능 여부가 표시된다.


## 2) HUD(Head Up Display) 화면의 숨은 기능


· 숨은 기능 1 - 마우스 오른쪽을 클릭하는 경우

HUD 창에서 마우스 오른쪽을 클릭하면 추가적으로 사용할 수 있는 숨은 기능이 나타난다.

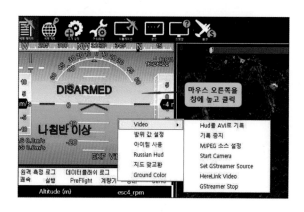

① 비디오(Video):

· 'HUD를 .avi로 기록(Start Recording)'을 클릭하여 로그폴더에 '.avi 파일'의 비디오를 기록하거나 '기록 중지(Stop Record)'를 클릭하여 비디오 기록을 중지할 수 있다.

· 'Start Camera'를 클릭하여 HUD 창에서 컴퓨터와 연결된 카메라의 영상을 볼 수 있다. HUD 창의 활성화 또는 비활성화는 '구성/튜닝(CONFIG/TUNING)'의 'Planner'의 비디오에 관한 내용을 선택한다.

② 방윗값 설정(Set Aspect Ratio): HUD 창의 화면 비례 선택 기능.

③ 아이템 사용(User Items): '아이템 사용'을 클릭하면 여러 종류의 비행정보 항목들이 나열된 화면이 나타난다. 기본적으로 HUD 창에는 비행에 필요한 속도, 배터리, GPS 등의 정보가 표시되지만 추가로 선택이 필요한 경우 각 항목 앞의 사각을 클릭하면 창에 정보가 표시된다.

④ 지도 맞교환(Swap With Map): '지도 맞교환'을 클릭하면 HUD 창과 지도 표시창이 서로 바뀐다. 바뀐 고유의 화면을 클릭하여 필요한 작업을 할 수 있다.

· 숨은 기능 2 - 글자 위에서 마우스 왼쪽을 클릭하는 경우

HUD 창의 'Vibe'와 'EKF' 글자 위에서 마우스 왼쪽을 클릭하면 추가적으로 사용할 수 있는 숨은 기능이 나타난다. 이에 대한 설명은 다음과 같다.

# HUD 창에서 진동(Vibration)값 확인 및 조치

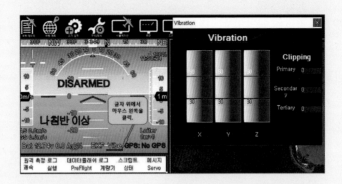

원격조정장치(Telemetry)가 드론과 연결된 상태에서 비행 중에 사진과 같이 'Vibe(Vibration - 진동)' 글자 위에 마우스를 올려놓고 클릭하면 진동의 정도를 측정할 수 있는 화면이 나타난다. (원격조정장치를 사용하지 않고 '데이터플래시 로그 분석'으로 진동 정도를 확인할 수 있다. - 뒤의 '데이터플래시 로그 분석' 참고)

- 값의 정도에 대한 기준은 다음과 같다.

· 30 m/s/s 미만 - 일반적인 진동값으로 안정적.

· 30 m/s/s 이상 - 문제가 발생할 수 있음.

· 60 m/s/s 이상 - 갑작스러운 드론 상승 등의 상태 유지에 문제가 발생.

- 조치사항:

드론 제작 실전 초기 진동 발생은 F.C. 보드 바닥에 진동방지 패드를 부착하여 진동을 흡수하게 한다.

· 프레임 및 암, 모터 나사 조임 상태 및 무른 재질에 의한 것인지 확인해 본다.

· 모터 및 프로펠러 불량에 의한 진동 발생을 확인해 본다. (프롭의 밸런싱 불량.)

· 진동이 적은 PID 값을 찾아 조정한다.

  (초기, Pitch/Roll의 P, I, D 값이 너무 높아 진동이 발생할 수 있다.)

이 밖에도 제작 과정 중 개인적 처리 과정에 따른 진동 발생이 있을 수 있으므로 원인을 분석해야 한다.

# HUD 창에서 EKF(Expansion Kalman Filter) 값 확인 및 조치

EKF는 GPS에서 받은 위치, 방향, 속도 등의 정보 데이터값을 드론에 안정적으로 적용시키는 과정에 대한 통합정보 비선형 융합방식의 해결 필터이다.

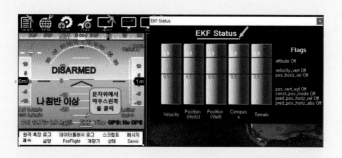

원격조정장치가 드론과 연결되어 비행 중, 사진과 같이 EKF 글자 위에 마우스를 놓고 왼쪽을 클릭하면 오른쪽과 같은 EKF 정도를 측정할 수 있는 화면이 나타난다. (원격조정장치를 사용하지 않고 '데이터플래시 로그 분석'으로 EKF 정도를 확인할 수 있다. - 뒤의 '데이터플래시 로그 분석' 참고)

GPS 결함 또는 나침반 오류 등으로 EKF가 드론의 위치와 속도에 오류가 있다고 인식하면 이유 없이 드론이 스스로 착륙하거나 'GPS 모드'에서 한쪽 방향으로 흘러가는 이상 현상이 발생할 수 있다.

이때, HUD 창의 EKF 값을 측정해 본다.

값의 정도에 대한 기준과 조치는 다음과 같다.

· Loiter(GPS) 모드에서 EKF 값이 0.6 미만이고 드론의 흐름(GPS 결함에 의한)이 없으면 안정적이다.

· EKF 값에 의해 페일세이프가 작동되는 경우 'FS_EKF_THRESH' 매개변수 값을 0.8~1.0으로 변경한다.

(너무 높은 값은 GPS 결함 상태로 멀리 비행할 수 있음에 주의-불량 GPS 교체 필요.)

## 3) 비행 데이터 화면(Flight Data Screen)의 '정보 및 로그선택'

'정보 및 로그선택'은 비행 전, 비행 중, 비행 후 모든 경우의 비행에 필요한 데이터를 확인할 수 있다. 또한 비행 중에도 원격측정장치(Telemetry)를 통해 값의 변화도 줄 수 있다.

'정보 및 로그선택' 항목을 정리하면 다음과 같다.

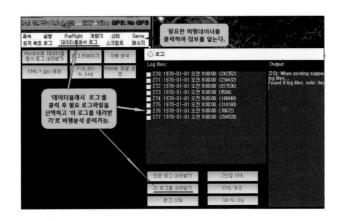

① 쾌속(Quick): 비행정보 첫 화면의 6가지(자세, 거리, 홈 위치 등) 정보를 숫자로 표시한다. 6가지 항목 중 바꾸고 싶은 항목이 있는 경우 항목에 커서를 올려놓고 더블클릭을 하면 모든 비행정보 화면이 나타나고 이 중 필요한 항목을 선택하면 기존 항목과 바뀌어 표시된다.

② 실행(Actions): 원격장치(Telemetry)를 F.C.와 연결하여 사용하는 경우 '실행'을 클릭하여 HUD 창에서 드론에 명령을 전달할 수 있다.

③ Pre Flight(비행 전): 비행 전에 비행에 필요한 기본 필요 사항(GPS 상태, 배터리 상태, 고도체크 등)을 확인할 수 있다.

④ 계량기(Gauges): 비행정보가 기계적 계량기 표시로 전환된다.

⑤ 상태(Status): 모든 비행정보의 목록을 보여 준다.

⑥ Servo/Relay: CH5~CH14까지 서보를 연결한 경우 이곳에서 조정이 가능하지만 CH5는 비행 모드로 자동으로 할당되므로 이것을 변경하는 경우 위험할 수 있음에 주의해야 한다.

⑦ 원격측정 로그(Telemetry Logs): 드론에 텔레메트리를 연결하여 사용하는 경우 로그를 로딩 하여 분석할 수 있다.

⑧ 데이터플래시 로그(Data Flash Logs): '데이터플래시 로그'는 비행에 사용된 모든 정보를 확인 할 수 있는 기능으로 그래프도 함께 제공된다. 초기 비행에 필수 확인 사항인 진동에 대한 정보는 물론 PID에 대한 정보 등 매우 다양하고 방대한 정보를 취급할 수 있다.

데이터플래시 로그(Data Flash Logs)는 매우 중요한 정보를 제공하므로 데이터에 접근하는 방법 과 과정을 정확히 이해하고 사용할 필요가 있다.

· 데이터플래시 로그는 '① 비행 데이터' 화면의 전체적 설명을 마치고 별도의 공간에서 세부적 과정 설명을 보충한다.

## 4) 지도 화면

비행 데이터 화면의 오른쪽은 구글에서 제공하는 지도가 표시된다. 원격측정장치와 연결된 경우 기체의 움직임 상태가 지도 화면 위에 나타난다.

① 지도 화면 좌측 하단의 GPS의 수신품질 표시:
· HDOP(Horizontal Dilution Of Precision - 수평정밀도)
GPS가 인공위성으로부터 받는 위치정확도에 대한 값을 표시한다. 이 값은 2.0 이하이면 양호한 상태이다. 양호한 HDOP 값의 확보를 위하여 매개변수를 선택하여 조절할 수 있다.
방법: '구성/튜닝(CONFIG/TUNING)≫전체매개변수 리스트(Full Parameter List)≫GPS_HDOP_ GOOD' 값을 600~900으로 올리고 오른쪽 '쓰기(Write Params)'를 클릭하여 매개변수를 확정한다.

· Stats(Satellites - 인공위성)

GPS가 접속한 인공위성의 개수를 나타내며 기본적으로 4개 이상의 인공위성과 접속하면 정보 확보가 가능하지만, 6개 이상의 인공위성과 접속할 때 HDOP 값이 2.0 이하로 양호 수신 상태가 된다. 시간을 두고도 이 값이 확보되지 않으면 수신 상태가 양호할 수 있는 다른 위치로 옮겨야 한다.

② 지도 화면 하단의 튜닝(Tuning) 표시: 원격측정장치가 연결된 경우 지도 화면 하단의 '튜닝 확장'을 선택하여 지도 화면 상단에 비행 중인 드론 상태의 여러 항목을 그래프로 확인할 수 있다. 'Tuning' 글씨 위에 마우스를 놓고 더블클릭하면 선택할 수 있는 모든 항목의 종류가 나타난다.

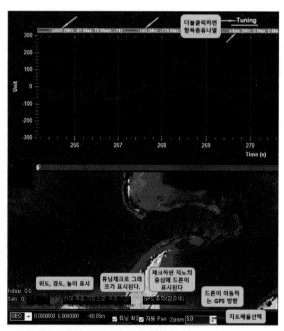

- Waypoint 또는 드론 위치의 위도, 경도, 높이가 표시된다.
- '자동 Pan'을 선택하면 드론이 지도 중심에서 비행한다.
- GPS가 드론에 연결된 경우 지도 위에 색깔별 직선이 나타난다.
  (검은색 직선은 드론이 이동하며 GPS가 지시한 방향.)
- Zoom은 지도의 축소/확대 기능이다.
  (지도 화면에 마우스 왼쪽을 한 번만 누르고 드래그하면 지도가 드래그 방향으로 따라 움직인다.)

③ 지도 화면에서 마우스 오른쪽을 클릭하면 자동 비행에 필요한 여러 선택 사항이 나타난다. 이

드론 제작 실전

내용은 '비행 계획(FLIGHT PLAN)'에 해당한다.

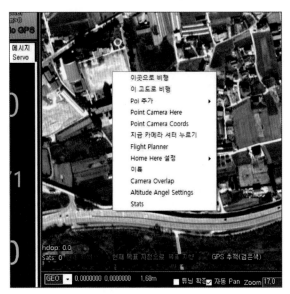

'비행 계획'에 따른 'Waypoint'에서 사용하는 항목이다.
'비행 계획'에서 설명하기로 한다.

# 데이터플래시 로그(Data Flash Logs)란?

　매우 다양한 구성의 ArduPilot의 미션플래너 비행 프로그램은 방대한 양의 매개변수(Parameter) 취급이 요구된다. 미션플래너의 비행 프로그램은 이 매개변수의 여러 변화값으로 구성되어 있다. 이렇게 복잡하고 다양한 매개변수들(Params) 및 작동방법에 대해 쉬운 설명으로 정보를 제공하여 드론 제작 및 미션플래너 사용자에게 안정성을 확보하는 과정에 도움을 주고자 한다.

　데이터플래시 로그는 미션플래너 매개변수의 여러 변화값에 대한 정보와 그래프까지도 제공하여 선택한 기체(機體 - 드론, 자동차, 로봇 등)의 안전성 확보를 위한 여러 매개변수 변화값 중 선택하려는 값의 판단 기준을 마련해 주기도 한다.

　데이터플래시 로그는 APM F.C.의 경우에 데이터플래시 칩에 저장되고 픽스호크 F.C.의 경우는 측면에 별도로 삽입하는 SD 카드에 저장되며 원격측정장치를 사용하는 경우 MAVLink를 통해 스트리밍할 수 있다.

　APM F.C. 또는 픽스호크 F.C.에 기록된 것을 비행 후 F.C.에서 다운로드하거나 원격측정장치를 사용하는 경우 원격측정로그(tlogs)가 지상국(미션플래너와 연결된 컴퓨터의 UHD)에 기록된 것을 확인 또는 비행과 동시에 컴퓨터 창에서 원격으로 실시간 확인이 가능하기도 하다.

# 05

# 데이터플래시 로그
# 사용을 위한 작업

데이터플래시 로그를 활용하려면 몇 가지 전제 조건이 필요하다. 매개변수의 종류 중에 필요한 데이터플래시 로그가 작동할 수 있도록 아래와 같은 과정으로 미리 설정해 놓아야 한다.

① '구성/튜닝(CONFIG/TUNING)≫전체매개변수(Full Parameter List)'에서의 설정 항목:

· LOG_BACKEND_TYPE의 설정:

로그를 비활성화: '0', SD 카드에 로깅: '1'(픽스호크 F.C.), MAVLink를 통한 스트리밍: '2', F.C.의 데이터플래시 메모리에 로깅: '4'(APM F.C.)

(APM F.C.는 SD 카드를 사용할 수 있는 홀더장치가 없으며 APM F.C.의 매개변수 종류에는 LOG_BACKEND_TYPE의 항목이 없는 경우가 대부분으로 APM F.C.는 데이터플래시 메모리에 직접 로깅된다.)

· LOG_BITMASK의 설정:

여러 종류의 로그 항목 중 분석에 필요한 로그의 종류를 선택할 수 있도록 되어 있다. 단, 로그의 종류가 4바이트 비트맵으로 숫자화되어 숫자만으로는 항목을 알 수 없으나 '0'을 선택하면 로깅을 하지 않겠다는 의미이고 필요한 로그 분석 종류의 실제적 선택은 '표준매개변수(Standard Params)'에서 하며 선택된 항목에 해당하는 비트의 값이 'LOG_BITMASK'에 숫자화되어 자동으로 표시된다.

② '구성/튜닝(CONFIG/TUNING)≫표준매개변수(Standard Params)'의 설정 항목:

로그(LOG)의 선택 항목은 사진과 같다. 그러나 모든 항목들이 영어의 약자로 표시되어 어떤 의미를 갖는지 알기 어렵다.

로그 항목의 어원을 다음과 같이 간단히 설명한다. 로그 항목 선택 시 참고하기 바란다.

· ATTITUDE(ATT): 피치(Pitch), 롤(Roll), 요(Yaw) 값에 의한 자세 변화의 정보를 제공.

피치와 엘리베이터는 같은 의미로 사용되는 용어이다.
피치는 매개변수 값에서 주로 사용하는 용어이고, 엘리베이터는 조종기 또는 서보 채널(CH2로 사용)에서 주로 사용하는 용어이다.

롤과 에일러론은 같은 의미로 사용되는 용어이다.

롤은 매개변수 값에서 주로 사용하는 용어이고, 에일러론은 조종기 또는 서보 채널(CH1로 사용)에서 주로 사용하는 용어이다.

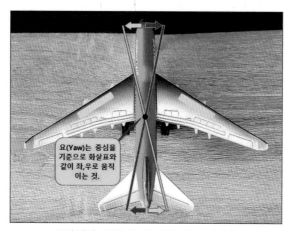

요와 러더는 같은 의미로 사용되는 용어이다.

요는 매개변수 값에서 주로 사용하는 용어이고, 러더는 조종기 또는 서보 채널(CH4로 사용)에서 주로 사용하는 용어이다.

· GPS(Global Positioning System): 위성에서 받는 위치 정보에 관한 수신 상태 제공.

· PM(Performance Monitoring): 성능에 관한 모니터링 정보 제공.

· CTUN(Control Throttle and altitude information): 스로틀 제어에 따른 고도 관계의 정보 제공.

· NTUN(Navigation information): 항법에 관한 정보 제공.

· RCIN(PWM input to individual RC inputs): RC(Radio Control) 입력 수준에 대한 PWM 입력값 변화의 정보 제공.

· RCOUT(PWM output to individual RC outputs): RC(Radio Control) 출력 수준에 대한 PWM 출력값 변화의 정보 제공.

· IMU(Inertial Measurement Unit): 가속도계(Accelerometer)와 자이로(Gyro) 등의 정보 제공.

· CMD(executed mission CoMmanD information): 임무명령 수행 정도의 정보 제공.

· CURRENT(battery voltage, CURRENT and board voltage information): 배터리의 전압 및 전류값에 대한 보드 확인 수치의 정보 제공.

· OPTFLOW(OPTical FLOW): 실내에서 거리 감지 기능을 하는 광학 센서를 부착한 경우 광학 흐름의 정보 제공.

· PID(Proportional Integral Derivative gain values for Roll, Pitch, Yaw, Altitude, steering): 기체 움직임에 영향을 주는 피치, 롤, 요, 고도 등의 요소들에 각각의 수치화된 정도의 값으로 구성된 P(직접 비례값), I(적분 비례값), D(편미분 비례값)의 정보 제공. [PID(Proportional, Integral, Derivative gain values.)에 대해서는 추후 자세히 설명하겠다.]

· COMPASS(COMPASS compensation values): 전자 나침반의 정확도에 대한 보상 정도의 정보 제공.

· INAV(INAV flight firmware): INAV 펌웨어를 사용하는 장치에 대한 정보 제공.

· CAMERA: 카메라에 대한 정보 제공.

· MOTBATT(Motor Battery information): 모터에 작용하는 배터리에 대한 정보 제공.

## 1) 데이터플래시 로그 다운로드

F.C.의 데이터플래시 메모리에 저장된 로그를 내 컴퓨터에 다운로드하여 미션플래너에서 필요 로그를 분석해야 한다.

과정은 다음과 같다.

① USB 케이블로 F.C. 보드와 컴퓨터를 연결한다.
② 미션플래너의 '연결'을 누르고 '비행 데이터' 화면의 중간 여러 데이터 항목 중에 '데이터플래시 로그'를 클릭한다.

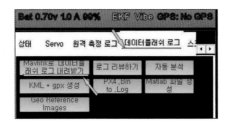

③ 'MAVLink 데이터플래시 로그 내려받기'를 클릭한다.

④ 로그 종류의 선택 창이 나타난다. 이 중에 날짜 및 시간 등의 정보를 확인, 필요 항목의 로그 파일을 체크하고 하단의 '이 로그 내려받기'를 클릭하면 진행 과정이 녹색으로 표시된다.

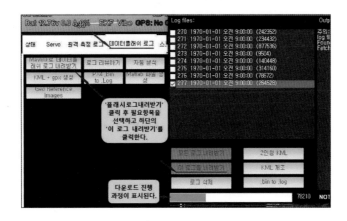

⑤ 다운로드 진행이 완료된 후 상단의 'X' 표시를 클릭하고 나가면 '비행 데이터'로 돌아간다.

'⑤'까지의 과정은 F.C.에 로깅된 데이터 중 분석이 필요한 데이터를 선택하여 미션플래너를 통해 내 컴퓨터에 내려받기를 완성한 것이다. 다음은 내려받은 파일을 찾아 분석도구를 가동하는 과정이 필요하다. 과정은 다음과 같다.

## 2) '데이터플래시 로그'의 경로 찾고 분석도구 선택

다음 과정은 다운로드된 로그의 경로를 우선적으로 확인하고 분석할 도구를 선택해야 한다.

경로는 대부분 'Mission Planner≫log 디렉토리(Quadcopter - F.C. 보드에 Quadcopter로 펌 업했기 때문에 자동으로 디렉토리의 명칭으로 사용된다.)'에 저장된 로그를 선택한다.

로그 분석 도구에는 '로그 자동 분석'과 '로그 수동 분석'의 두 종류가 있는데 '로그 자동 분석'은 본인들이 사용 중인 컴퓨터의 사양에 영향을 받는다. 윈도우7까지는 로그 자동 분석이 실행되지만 윈도우10은 로그 자동 분석이 작동하지 못하고 흰색 화면으로 바뀐 상태의 '응답을 기다린다.'는 화면에 머무른다. 이것은 아마도 자동 분석 툴이 아직 윈도우10으로 개발 완료되지 않았기 때문으로 예상된다.

### 3) 로그 자동 분석(Automatic Analysis of Logs) 과정

① 미션플래너의 '연결'을 누르고 '비행 데이터' 화면의 중간 여러 데이터 항목 중에 '데이터플래시 로그'를 클릭한다.

② '자동 분석(Auto Analysis)'을 클릭한다.

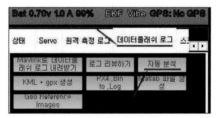

로그 분석을 실행하는 경우 순서가 매우 중요하다.
위 사진의 분석도구(자동 분석, 로그 리뷰하기 등)를 먼저 선택하고 난 후에
분석을 원하는 파일이 있는 경로를 찾아가 선택해야 분석 프로그램이 작동한다.
만약 분석하고자 하는 파일을 먼저 선택하고 분석도구를 나중에 선택하면
분석 파일이 열리지 않거나 그래프 등의 필요 정보가 표현되지 않는다.

③ 다음 사진과 같이 'Mission Planner≫log 디렉토리' 경로가 나타나면 'QUADROTOR' 파일을 선택한 후 하단의 '.log, .bin 파일'의 '열기'를 클릭한다.

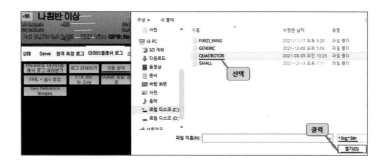

④ 다음과 같이 파일 저장 공간을 한 번 더 거칠 수도 있다.

어떤 사용자는 이 과정을 거치지 않고 '⑤' 과정으로 넘어가기도 한다. 처리 과정은 전과 같다.

⑤ 사진과 같이 다운로드한 여러 파일 중에 본인이 비행한 날짜와 시간을 확인하고 분석을 원하는 파일을 열면 된다.

분석을 위하여 다운로드되는 파일은 '.log'와 '.bin' 두 종류이다.
둘 중에 어느 것을 선택하여 열기를 해도 결과는 같다.
컴퓨터 언어의 차이로 생각된다.

⑥ 로그 자동 분석 화면은 다음과 같다.

비행 과정 중 여러 센서들의 정상 가동 등에 대한 간단한 정보가 표시되어 있다. 로그 자동 분석으로는 문제 원인을 확인할 수 없으며 문제 항목만을 간단히 알 수 있다. 자세한 분석은 로그 수동 분석 '로그 리뷰하기(Review a Log)' 도구를 이용해야 한다.

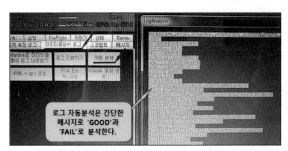

로그 자동 분석은 윈도우7에서 작동되지만 윈도우10에서는 작동하지 않는다.

## 4) 로그 수동 분석 '로그 리뷰하기(Review a Log)' 과정

① 미션플래너의 '연결'을 누르고 '비행 데이터' 화면의 중간 여러 데이터 항목 중에 '데이터플래시 로그'를 클릭한다.

② '로그 리뷰하기'를 클릭한다.

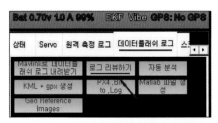

로그 분석을 실행하는 경우 순서가 매우 중요하다.
위 사진의 분석도구(자동 분석, 로그 리뷰하기 등)를 먼저 선택하고 난 후에
분석을 원하는 파일이 있는 경로를 찾아가 선택해야 분석 프로그램이 작동한다.

③ 'QUADROTOR' 파일을 선택한 후 하단의 '.log, .bin 파일'의 '열기'를 클릭한다. (자동 분석과

과정이 동일하여 사진 생략.)

④와 ⑤는 자동 분석과 과정이 동일하므로 설명을 생략한다.

⑥ 로그 수동 분석 '로그 리뷰하기' 화면은 아래와 같다.

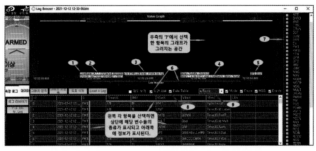

(사진1)

'FMT'는 미션플래너가 인지한 여러 항목 변수들의 종류와 정보를 확인할 수 있다.

(사진2)

'PARM'은 비행에 사용된 매개변수 설정값을 보여 준다.

(사진3)

위 사진의 항목은 비행에 사용된 MAG(지자계), BARO(기압계), IMU(자세 등), GPS 등 센서들의 값을 보여 준다.
항목 란에 마우스를 놓고 스크롤하면 위의 사진과 같이 3개의 영역으로 항목이 나열되어 있다.

첫 번째 사진의 그래프가 그려지는 영역(Value Graph)의 설명은 다음과 같다.

(1) 비행 시작에 사용(Loiter모드 - GPS모드와 동일)된 비행모드 표시.

(2) F.C.에 펌 업 된 버전 표시.

(3) 비행 진행 중 특이점 표시.

(4) 배터리 전압 상태에 대한 표시.

(5) GPS 상태에 문제가 있음을 표시.

(6) 비행시간 진행 표시.


(1)~(6)까지는 APM F.C. 또는 픽스호크의 펌 업 버전에 따라 표시 내용의 종류가 다를 수 있으며 사진은 'Data Table' 옆의 'Mode(비행모드)/Errors(오류 내용)/MSG(메시지 내용)/EVENT'를 선택한 결과이다.


(7) 수동 로그 분석이 가능한 '로그 리뷰' 항목들로 '구성/튜닝(CONFIG/TUNING)≫표준매개변수 (Standard Params)'의 'Log bitmask(LOG_BITMASK)'에서 설정한 항목들이 트리 형태로 나열된다.

분석을 원하는 항목 앞의 (+) 표시에 마우스를 놓고 클릭하면 선택 항목의 하위 분석 목록이 나타나며 (-)로 바뀐다.

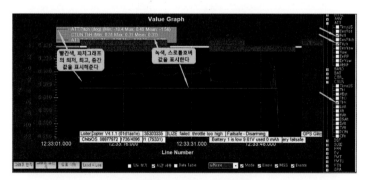

위의 그래프는 설명을 위한 것이다.
우측은 분석을 위한 로깅(logging) 항목으로 모두 영어의 약자로 되어 있다.
주 항목은 위에서 설명한 적이 있으나 하위 항목은 '비행 데이터' 설명의 마지막 부분에 정리하기로 한다.


분석을 원하는 하위 목록을 선택하면 좌측에 비행시간에 따른 'Value Graph'에 항목마다 각기 다른 색의 그래프가 나타난다. 또한 선택한 각 항목의 최저, 중간, 최곳값이 그래프 상단에 각각의 선택 항목마다 표시된다.

(8) 'Data Table'을 체크하면 하단에 여러 줄의 항목들이 모두 나열된다. 이 항목은 크게 3종류 (FMT, PARM, 각각의 센서값 등)로 구분된다.

좌측의 분석이 필요한 항목을 클릭하면 선택 항목의 하위 목록에 해당하는 내용이 줄의 상단에 표시되고 가로와 세로의 교차지점에 비행에 사용된 값들이 숫자로 표시된다.

(9) 분석 항목의 알파벳 순서의 색인 찾기 기능이다.
여기에서 찾은 목록을 선택하면 'Value Graph'에 해당 항목의 그래프가 그려진다.

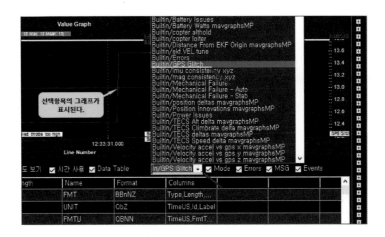

(10) 번호에 없는 숨은 기능이 있다. 'Data Table' 바로 밑줄의 항목 칸에 화살표를 놓고 마우스를 좌클릭하면 필터(Filter) 기능을 이용할 수 있다. 필터 기능을 이용하면 같은 종류의 항목이 모두 표시되어 시간 절약이 가능하다.

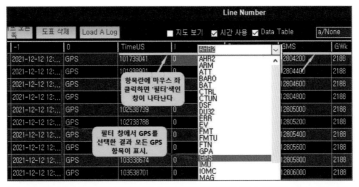

필터를 이용하여 'GPS'를 선택한 결과 모든 'GPS' 항목이 위의 사진과 같이 표시된다.

# 영어 약자로 된 로깅(logging) 목록의 이해

'Value Graph' 화면의 우측에 나타난 순서로 정리한다.


- AHR2 [AHRS(Attitude Heading Reference System) 데이터 백업]
- TimeUS: 시스템을 사용한 시간.
- Roll/Pitch/Yaw: 롤, 피치, 요의 추정값.
- Alt(Altitude): 고도 추정값.
- Lat(Latitude)/Lng(Longitude): 예상 위도, 경도.
- Q1~Q4 [(Quaternion Component) 추정되는 4가지 태도 성분.]

※ AHRS: 지자기 센서가 자기선 속의 세기를 측정하여 자북을 찾아 이 방향을 기준으로 드론 등의 방향이 어느 정도 틀어졌는지를 측정한다. 가속도 센서에 의한 자세와 자북을 기준으로 한 방향의 기준이 되는 AHRS가 정확하지 않으면 여러 위치값의 데이터를 사용할 수 없게 된다.


- ARM [(Arming) 드론 등이 비행할 준비가 되었는가에 대한 상태]
- TimeUS: 전과 동일.
- ArmState: 비행할 준비가 완료된 상태이면 작동.
- ARMChecks: Arm에 대한 비트마스크를 체크.
- Method: Arming에 사용된 방법.
- Forced: Arm 또는 Disarm이 강제되면 작동.

※ ARM: 드론 등이 비행할 수 있는 조건을 만족하여 시동을 걸면 모터가 비행을 위해 작동하기 바로 직전의 준비 완료 상태를 말함. Disarm은 반대의 경우.


- ATT [(Attitude) 표준이 되는 차량의 태도]
- DesRoll/DesPitch/DesYaw: (Desired) 희망하는 롤, 피치, 요의 정도.
- Roll/Pitch/Yaw: 달성된 롤, 피치, 요의 정도.
- ErrRP: 평형상태 유지를 위한 가장 낮은 오류 추정 정도.

- ErrYaw: 측정된 요와 제1세대 위치 및 태도 추정기(DCM) 요의 추정값의 차이.

- AEKF: 활성화(Active) EKF의 유형.

※ EKF: (Extended Kalman Filter) 자이로스코프, 가속도계, 나침반, GPS 등의 알고리즘을 이용하여 드론 등의 위치, 속도 및 방향, 틀어진 각도 등을 추정하는 필터로 위치 및 자세 추정 시스템이라고 생각할 수 있다.


• BARO [(Barometer) 전자 기압계에 의한 고도 측정]

- 1: 사용 기압계 번호.

- ALT(Altitude): 고도 측정값.

- Press: 대기 측정값.

- Temp(Temperature): 대기온도 측정값.

- SMS(Sample): 마지막 샘플을 가져온 시간.

- CRt(Climb Rate): 기본 기압계로부터 발생된 상승률.

- Offset: 값을 조종한다는 의미로 사용되며 기압계에 의한 원시 고도값을 조정하거나 보정할 수 있다. 전체매개변수(Full Parameter)에서 조정이 가능하다.

- GndTemp(Ground Temperature): 지상에서 측정된 온도.

- Health: 기압계가 정상적으로 간주되면 작동.


• BAT [(Battery) 배터리 데이터]

- Ins(Instance): 사용 배터리 번호.

- Volt(Voltage): 측정 전압.

- VoltR(Resting Voltage): 예상되는 안정 전압.

- Curr(Current): 측정 전류.

- CurrTot/EnrgTot: (Total Current/Total Energy) 배터리가 소모한 전류와 전력.

- Res(Resistance): 배터리 저항.

- RemPct(Remaining Percentage): 남은 전력량(%).

• CTRL [(Control) 진동을 모니터 진단하여 태도를 제어함]

- RMSRollP /RMSRollD /RMSPitchP /RMSPitchD /RMSYaw: 제곱근 평균의 롤 P게인값 /롤 D게인값 /피치 P게인값 /피치 D게인값 /요 게인값.

※ RMS: (Root Mean Squared) 제곱근(루트) 평균으로 편차를 고려한 평균을 의미한다.


• CTUN [(Control Tuning) 조정(Control) 정보에 대한 튜닝]

- ThI(Throttle Input) / ThO(Throttle Output) / ThH(Throttle Hover): 스로틀 입력/스로틀 출력/계산된 스로틀 호버값.

- ABst(Angle Boost): 각도를 증진.

- Alt(Altitude): 달성 고도.

- BAlt(Barometric Altitude): 기압 고도.

- DAlt(Desired Altitude): 희망 고도.

- DSAlt(Desired Alt): 거리 측정기가 희망하는 고도.

- SAlt: 거리 측정기에 의한 고도 달성.

- TAlt(Terrain Alt): 지형 고도.

- DCRt(Desired Climb Rate): 희망 상승률.

- CRt(Climb Rate): 상승률.


• DSF [온보드(onboard)와 접속한 로깅 통계]


• DU32 (32비트 정수 저장소.)


• ERR [(Error message) 오류 메시지]

- Subsys(Subsystem): 오류가 발생한 하위 시스템.

- ECode(Error Code): 하위 시스템들의 오류 코드.


• EV [(Event message) 특별히 코딩된 이벤트 메시지]

- FMT [(Format of messages) 파일의 메시지 형식을 정의하는 메시지들]


- FMTU (다른 메시지 필드에 사용되는 메시지의 정의)


- FTN [(Filter Tuning messages) 필터 튜닝 메시지]
- NDn(Number of Dynamic Notches): 동적 움직임에 대한 고주파 크기.
- DnF1~DnF4(Dynamic Notches Filter): 모터1~모터4의 움직임에 대한 고주파 크기.


- GPA [(GPS Accuracy) GPS 정확도]
- VDop(Vertical Degree Of Process): GPS의 수직 정확도.
- HAcc(Horizontal position Accuracy): GPS의 수평 위치 정확도.
- VAcc(Vertical position Accuracy): GPS의 수직 위치 정확도.
- SAcc(Speed Accuracy): GPS의 속도 정확도.
- YAcc(Yaw Accuracy): GPS의 요 정확도.
- VV(Vertical Velocity): 수직 속도를 사용할 때 작동.
- SMS: 시스템이 시작된 후 샘플을 가져온 시간.


- GPS (GNSS에서 수신한 GPS의 위치 정보)
- Status: 드론 등에 사용한 GPS의 고정 타입.
- NSAT(Number of Satellites): GPS가 사용한 위성 수.
- HDop(Horizontal precision): GPS의 수평 정밀도.
- Lat(Latitude): 위도.
- Lng(Longitude): 경도.
- Alt(Altitude): 고도.
- Spd(Speed): 속도.
- GCrs(Course): 지상 경로.
- VZ: 수직 속도.

- U(Use): GPS 사용 여부에 관한 2진법의 표시.


• IMU [(Inertial Measurement Unit data) 관성 측정값에 대한 데이터]

- GyrX /GyrY /GyrZ: 각각의 X축, Y축, Z축에 측정된 자전율.

- AccX /AccY /AccZ: 각각의 X축, Y축, Z축을 따르는 가속도.

- EG(Gyroscope Error): 자이로 센서의 오류 횟수.

- T(Temperature): IMU 온도.

- EA(Accelerometer Error): 가속도 센서의 오류 횟수.

- GH(Gyroscope Health): 자이로 센서 상태.

- GHz: 자이로 센서 측정 속도.

- AH(Accelerometer Health): 가속도계 센서 상태.

- AHz: 가속도계 측정 속도.

※ IMU(Inertial Measurement Unit)은 자이로스코프, 지자계 센서, 가속도계로 구성된 관성측정 장치로 자이로스코프와 가속도계가 있는 것은 6축, 자이로, 가속도계, 지자계까지 있는 것은 9축 센서로 구분된다.

※ INS(Inertial Navigation System)는 IMU를 활용하여 이동체의 위치를 분석하는 위치분석기이다.


• IOMC [MCU(Micro Controller Unit) 보조 프로세서에 대한 진단 정보]


• MAG [(Magnetic) 나침반에서 받은 정보]

- MagX /MagY /MagZ: 본체 프레임 각각 위치의 자기장 강도.

- OfsX /OfsY /OfsZ: 본체 프레임의 각각 위치의 자기장 상쇄값.

- MOX /MOY /MOZ: 본체 각각의 자기장 간섭에 대한 모터의 상쇄값.

- Health: 나침반이 정상 상태이면 작동.

- S: 시간 측정.


• MAV(MAVLink) : 지상국의 MAVLink 통계

• MODE (드론 등의 모드 정보)

- ModeNum: 모드 번호.

- Rsn(Reason): 선택한 모드가 들어 있는 이유의 열거값.


• MOTB (모터와 관련한 배터리 정보)

- LiftMax(Maximum): 최대로 들어 올릴 수 있는 모터의 보상 게인값.

- BatVolt(Battery Voltage: 감지된 배터리 전압과 최대 전압과의 비율.

- BatRes(Battery Resistance): 예상되는 배터리 저항.

- ThLimit(Throttle Limitation): 배터리 전류 제한에 대한 스로틀 제한 설정.


• MSG [(Textual Messages) 문자 메시지]


• MULT [(Multiplier Messages) 멀티 메시지 매핑]


• ORGN [(Navigation Origin) 내비게이션의 원점 또는 기타 주목할 위치]

- Type: 위치 타입.

- Lat/Lng: 위도 위치, 경도 위치.


• PARM [(Parameter value) 매개변수 값]

- Name: 매개변수 이름.

- value: 매개변수 값.


• PID [(Proportional/Integral/Derivative) 롤, 피치, 요, 자세에 대한 비례, 적분, 미분 게인값]

- Tar(Target): 목표값.

- Act(Achieved): 달성값.

- Err: 목표와 달성 사이의 오차.

- P/I/D: PID의 비례, 적분, 미분 계수.

- FF(Feed Forward): 값의 적용에 대한 응답을 나타낸 부분.

- Dmod: 주기의 한계를 줄이기 위해 D(미분) 계수에 적용.

- SRate(Slew Rate): 슬루 제한 측정기에 사용되는 슬루율.

- Limit(Limited): 1의 출력 한계로 인한 I(적분 계수)가 제한된 경우.

※ PID는 로깅 항목에 없으나 중요한 내용이라 추가 정리한다.


• PM [(Performance Monitoring) F.C.의 시스템 성능 등에 관한 실행능력 감시]

- NLon(Number of long loop): 감지된 긴 루프(반복된) 수.

- NLoop: 메시지의 측정된 루프 수.

- MaxT: 최대 루프 시간.

- Mem(Memory): 사용 가능한 여유 메모리.

- Load: 시스템 프로세스의 부하 정도.

- IntE(Internal Error): 내부 오류가 감지된 내부 오류 마스크.

- ErrL(Error Line): 내부 오류가 감지된 마지막 줄 번호.

- ErrC(Error Count): 내부 오류가 감지된 내부 오류 수.

- SPIC: 처리된 SPI(Serial Peripheral Interface - 직렬 주변장치 인터페이스) 체크 수.

- 12CC: 외부연결 장치에서 확인된 처리 수.

- 12CI: 외부연결 장치에서 차단된 서비스 수.

- EX: 초과되는 스케줄을 해결하기 위해 각 루프에 추가되는 마이크로초 수.


• POS [(Canonical Position) 표준이 되는 기체의 위치]

- Lat/Lng/Alt: 표준이 되는 기체의 위도, 경도, 고도.

- RelHomeAlt: 홈 위치에 대한 표준 기체의 고도.

- ReOriginAlt: 내비게이션 원점을 기준으로 한 표준 기체의 고도.


• POWR [(Power) 시스템 전원 정보]

- Vcc(Voltage): F.C. 보드의 전압.

- VServo: 서보의 전압.

- Flags: 시스템 전원 플래그.

- Safety: 하드웨어 안전 스위치 상태.

- AccFlags(Accumulated Flags): 시스템 전원 플래그에 모여 있던 모든 플래그.

- Safety: 안전 스위치 상태.

- MVolt: MCU 보조 장치의 전압.

- MTemp(MCU Temperature): MCU 보조 장치의 온도.

- MVmin/MVmax: MCU 보조 장치의 최소 전압/최대 전압.


- PSC(D/E/N) [(Position Control(Down/East/North)) 아래/동쪽/북쪽 위치 제어]

- TP(D/E/N)(Target Position EKF): EKF 원점을 기준으로 한 대상의 위치.

- P(D/E/N)(Position relative to EKF origin): EKF 원점을 기준으로 한 위치.

- DV(D/E/N)(Desired Velocity): (아래/동쪽/북쪽) 방향의 희망하는 속도.

- TV(D/E/N)(Target Velocity): (아래/동쪽/북쪽) 방향의 목표하는 속도.

- V(D/E/N)(Velocity): (아래/동쪽/북쪽) 방향의 속도.

- DA(D/E/N)(Desired Acceleration): (아래/동쪽/북쪽) 방향의 희망하는 가속도.

- TA(D/E/N)(Target Acceleration): (아래/동쪽/북쪽) 방향의 목표하는 가속도.


- RAD [(Telemetry Radio statics) 원격측정장치의 통계]

- RXRSSI(Receiver RSSI): 수신기에서의 수신 강도.

※ RSSI(Received Signal Strength Indicator)는 지상에서 수신기로 보내지는 신호의 강도를 표시하는 표시기를 의미함.


- TERR [(Terrain) 지형 데이터베이스 정보]

- Status: 지형의 데이터베이스 상태.

- Lat/Lng: 현재 차량의 위도/경도.

- Spacing: 지형 타일의 간격.

- TerrH(Terrain Height): 현재 지형의 높이.

- CHeight: 지형 위의 기체 높이.

- Pending: 미해결된 지형 타일 요청 수.

- Loaded: 저장된 지형 타일 수.


• UBX(1/2) [(Ublox GPS information part) Ublox 전용 GPS 정보]


• UNIT: 단일 문자에서 SI 단위로의 메시지 매핑


• VIBE [(Vibration) 처리된 가속 진동 정보]

- Vibe(X/Y/Z): 기본 가속도계로 필터링된 (X축/Y축/Z축)의 진동.

- Clip: 첫 번째 가속도계의 클리핑이벤트 수.


• XKF1~XKY1 (EKF에 관한 정보)

# 06

# 데이터플래시 로그 분석

드론 제작 실전 시 중요한 많은 요소들이 있다. 특히 제작한 드론이 완성단계에 진입하여 여러 과정을 펌 업 하고 초기 비행 테스트에서 드론에 적당한 PID 값을 찾아 주는 과정에 진동측정 (Vibration Measurement)은 보다 수준 높은 안정성 확보에 도움이 된다. 데이터플래시 로그를 이용한 진동측정 활용은 아래와 같다.

로그 분석을 위한 비행이 필요하다.

비행모드는 안정화 모드(Stabilize Mode)로 바람이 너무 심하지 않은 장소에서 어느 정도 일정한 호버링을 유지한 후 실시한다.

단, '미션플래너≫구성/튜닝≫표준매개변수(Standard Params)'에서 'IMU' 항목에 체크를 해 놓고 비행해야 한다.

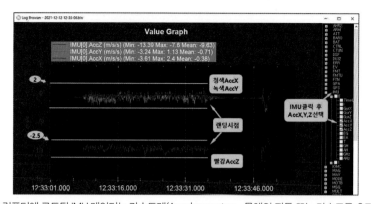

F.C. 보드에서 컴퓨터에 로드된 IMU 데이터는 가속도계(Accelerometer - 물체의 진동 또는 가속도를 측정하는 장치)를
이용한 진동 수준의 지표인 'Acc X/Acc Y/Acc Z'를 이용하는 진동 측정 방법이다.
'Acc X'와 'Acc Y'의 진동 허용 범위는 -3~+3 사이, 'Acc Z'의 진동 허용 범위는 -15~-5이다.
아래 사진의, 설명을 위해 제작한 330급 드론의 진동 수준은 'Acc X'와 'Acc Y':-1.5~+2, 'Acc Z':-11~-8이다.
진동 수준이 양호하다고 판단할 수 있다.

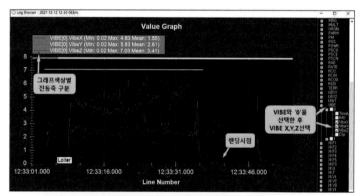

앞서 '미션플래너≫비행 데이터'의 HUD 창의 'VIB'를 클릭히면 비행하는 동안 진동 전도를 실시간으로 확인할 수 있다고 설명했다.
단, 텔레메트리를 연결하여 사용할 때만 가능하다.

텔레메트리를 이용한 것과 같은 효과를 얻을 수 있는 진동측정 방법이
'미션플래너≫비행 데이터≫데이터플래시 로그≫로그 리뷰하기(수동로그분석)' 항목의 VIBE>'0'을 클릭하고
'Vibe X/Vibe Y/Vibe Z'를 선택하는 방법이다.

위의 사진의 'Vibe X, Vibe Y, Vibe Z'의 값은 약 7 정도이다.
30 이하의 값이면 일반적인 수준의 진동값으로 안정적인 기준에 해당하는 상태라고 판단할 수 있겠다.

# 07 미션플래너 세 번째 화면
# - 초기설정(INITIAL SETUP)

　미션플래너의 두 번째 화면 '비행 계획'은 비행에 필요한 안전이 확실하게 확보된 상태에서 계획해야 하는 단계이므로 초기설정 과정과 네 번째 화면 '구성/튜닝' 과정을 완성하고 시행하기로 한다.

　초기설정의 펌웨어 설치 과정은 앞에 'F.C. 보드와 미션플래너 접속'에서 설명했으므로 여기에서는 생략한다. 펌웨어 설치가 완료된 후 다음 과정으로 '필수 하드웨어(Mandatory Hardware)'를 F.C.에 꼭 설치해야 한다. 이 과정은 안전성 확보를 위해 비행 전 필수적으로 거쳐야 하는 과정으로 꼭 완성해야 드론이 비행할 수 있는 조건을 갖추게 된다.

　필수 하드웨어에서 F.C.에 필히 로드해야 할 항목은 다음과 같다.

　- 가속도 교정(Accel Calibration)
　- 나침반 교정(Compass Calibration)
　- 무선 교정(Radio Calibration)
　- 비행모드(Flight Mode)
　- ESC 교정
　- 안전장치(Failsafe)

## 1) 가속도 교정

가속도계는 물체의 진동 또는 가속도의 물리량을 측정하는 장치이다. F.C.에 부착한 가속 센서의 교정으로 기체의 기본적인 안정자세의 기준을 마련해 주어 기체가 움직이며 발생하는 각도 등의 변화 속도에 대한 물리량의 차이를 자세 안정을 위한 값으로 사용할 수 있게 한다.

가속도 교정 순서는 다음과 같다.

① 컴퓨터에 미션플래너를 가동하고 F.C.와 USB 케이블로 연결한 후 미션플래너의 '연결'을 클릭하여 F.C.와 정상적인 소통이 이루어지도록 한다.

② 미션플래너의 상위 항목 중, '초기설정≫필수 하드웨어≫가속도 교정'을 선택한다.

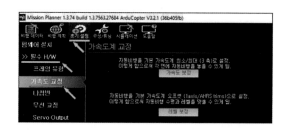

③ 화면의 '가속도 보정'을 클릭하면 아래 사진과 같이 6가지의 보정 자세를 요구하며 각각의 자세를 취한 후 컴퓨터의 아무 자판을 쳐서 입력하라는 여성의 목소리가 영어로 안내된다. ('구성/튜닝≫Planner'에서 '목소리(VOICE)'를 활성화한 경우에만 안내 목소리가 난다.)

④ 가속도 교정을 위해 취해야 하는 6가지 고유 동작은 다음과 같다.

- 수평(Level)

- 좌측(Left Side)

- 우측(Right Side)

- 머리를 바닥으로(Nose Down)

- 머리를 하늘로(Nose Up)

- 배를 하늘로(Back)

(바닥이 고르고 수평이 형성된 곳에서 하나의 자세를 움직임 없이 수직으로 유지할 수 있는 보조물을 이용하는 것이 좋다.)

이 6가지 동작을 완성할 때 정확한 동작과 함께 한 가지 동작을 완성하고 입력키를 누르는 시간 동안 드론의 움직임이 없어야 확실한 자세로 교정된다.

⑤ 아래 사진과 같이 6가지 방향에 대한 입력을 완료하고 하단의 '완료 시 누르시오(Click when Done)'를 누르면 모든 과정이 성공적으로 끝났음을 알리는 'Calibration Successful(교정을 성공했음)' 메시지가 나타난다.

수평(Level)

좌측(Left Side)

우측(Right Side)

머리를 바닥으로(Nose Down)

머리를 하늘로(Nose Up)

배를 하늘로(Back)

⑥ 가속도 교정 다음 하단에 레벨보정(Calibration Level)은 별도의 지정된 행동을 입력하는 과정은 없다. 가속도 교정의 수평(Level)값을 미션플래너 HUD 창의 가상 지평선의 수평과 일치시키기 위한 것으로 '레벨보정'을 클릭하기만 하면 된다. 이 과정이 끝나고 HUD 창의 수평선과 레벨이 일치하지 않는다면 바닥이 고르고 수평이 확보된 곳에서 다시 가속도 교정을 처음부터 실시하여 정확한 수평레벨을 획득해야 한다.

가속도 교정이 잘되면 위의 사진과 같이 가상의 수평선(녹색선)과 기체 수평선(빨간색선)이 일치한다.
가속도 교정이 정확하지 않은 경우 가속도 센서의 오작동으로 잘못된 수평을 맞추기 위해
특정 모터의 회전수가 과다하게 많아져 불안한 초기 비행의 원인이 될 수 있다.

※ 가속도 교정의 6가지 동작은 나침반 교정에서도 같은 동작을 취하는데 각각의 동작에서 시계 방향 또는 반시계 방향으로 360도 회전하며 6가지 동작을 진행한다. 단, 360도 회전은 시계 방향이든 반시계 방향이든 처음 회전 방향과 통일되게 진행해야 한다.

## 2) 나침반 교정(Compass Calibration)

나침반 역할을 하는 전자장치를 지자계(Magnetic) 센서라고 한다. 지자계 센서는 지구 자기장의 세기를 측정하여 정확한 자북을 찾아 모든 방향과 위치의 기준으로 삼는다. 만일 기준 위치가 정확하지 않은 상태에서 진행 방향을 지정하여 비행한다면 엉뚱한 위치에 도달하거나 길을 잃고 사라지는 기체를 보게 될 수도 있다.

F.C.는 GPS(Ublox M8N)에 별도로 부착된 나침반을 사용, 전자파를 발생시키는 각 부품으로부

터 가장 적은 영향을 미치는 위치에 장착하여(F.C., 모터로부터 약 10cm 이상 거리.) 자장의 영향을 최소화하는 방법을 선택한다. 따라서 나침반 교정은 F.C.와 GPS를 연결하고 작업을 해야 한다.

나침반 교정의 효율을 높이기 위하여 몇 가지 준수해야 할 사항이 있다. 내용은 다음과 같다.
- 나침반 교정 작업 시 작업자 또는 주변에서 자기장 발생이 염려되는 물체(휴대폰, 전자시계, 컴퓨터, 자석이 있는 물체 등 전자파 발생 염려가 있는 물체.) 및 장소(고압선 근처, 실내, 무선통신 교차 지역 등.)는 피해야 한다.
- 주변에 철이 많은 곳(철광산, 철교, 철근이 많이 포함된 건축물 근처 등.)을 피해야 한다.
- 나침반 교정은 위성 수신이 잘되는 곳(위성 수신 상태를 나타내는 지수 HDOP 값 2.0 이하.)을 골라 실시하는 것이 효과적이다.

나침반을 교정하는 방법은 3가지가 있다.
단, 둘째 방법은 픽스호크 F.C.에서 사용해야 한다.
그 방법은 다음과 같다.

· 첫째: 미션플래너를 가동하고 USB 케이블을 F.C.와 연결한 상태(F.C.에 배터리는 연결하지 않음.)에서 교정을 실시한다.
이때, USB 케이블의 길이가 충분히 길어(약 3m 이상) 컴퓨터로부터 전자파의 영향을 받지 않을 거리를 유지하고 드론을 회전하는 교정 작업 시 USB와 F.C. 커넥터의 접촉 불량이 일어나지 않게 360도 회전해야 한다.

· 둘째: 미션플래너를 가동하지 않는 방법으로, 드론에 배터리 전원을 인가하고 조종기를 작동하여 실행하는 온보드 교정 방법이다.

이때, 나침반 교정을 실행하기 전 조종기는 드론과 '무선 교정(Radio Calibration)'이 완료된 상태이어야 한다.

온보드 켈리는 유선의 번거로움이 없으며 정확도가 높다는 장점이 있다. 그러나 '무선 교정'을 먼저 실시하고 온보드 교정을 이용한 '나침반 교정'을 나중에 실행해야 한다.


· 셋째: 미션플래너를 가동하고 컴퓨터와 F.C. 보드에 원격측정장치를 사용하는 방법이다.

원격측정장치를 이용하는 방법은 유선의 번거로움은 없으나 교정 과정의 전송 속도의 지연으로 교정이 불발이 되는 경우가 종종 발생하고는 한다. 또한, 별도의 원격측정장치가 필요하다.


여기에서는 USB 케이블을 이용하는 방법과 조종기(AT9S)를 작동하여 실행하는 온보드 교정(픽스호크 F.C. 사용 시.) 2가지를 설명한다. 원격측정장치를 이용하는 방법은 USB 케이블을 이용하는 방법과 동일하다. 단, 미션플래너에서 원격측정장치 통신 속도를 '57600'으로 변경하여 사용한다.


· 첫째: USB 케이블을 이용한 나침반 교정.

① '초기설정≫필수 하드웨어≫나침반 교정'을 선택하면 아래 사진과 같은 화면이 나타난다. 사진과 같이 빨간 화살표 항목에 체크하고 '라이브 교정'을 시작한다.

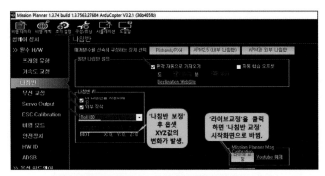

위의 화살표가 가리키는 체크 항목에 표시를 해야 한다.
'자동 학습 오프셋' 항목은 체크를 해도, 안 해도 된다.
'자동 학습 오프셋'은 전체매개변수(Full Parameter List)에서 설명하기로 한다.


② '라이브 교정'을 클릭하면 다음 사진과 같이 교정 작업을 위한 창이 나타난다. 정확한 나침반

드론 제작 실전

교정을 위하여 아래의 지침에 따라 교정을 실행한다.

a) 위성수신(HDOP 값 2.0 이하) 상태가 양호하고 공간이 트여 있어 자기장의 간섭을 많이 받지 않을 곳을 찾아 실행한다.

b) 드론의 앞면(nose)이 북쪽을 향하도록 한다.

c) 공중에서 가속도 교정을 위해 각각 취했던 6가지 고유 동작(수평/좌측/우측/머리를 바닥으로/머리를 하늘로/배를 하늘로)을 취한 상태에서 모두 같은 방향으로 360도로 회전할 때 화면의 빨간점이 흰 점들을 지나게 회전시킨다.

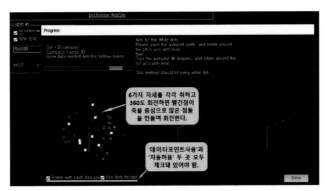

점으로 이루어진 좌표축 위의 구의 모형은 중심을 기준으로 완전한 구의 모형일수록 좋다. 또한, 흰 점을 모두 지나는 것이 좋다.

6가지 동작 중 '머리를 하늘로' 동작을 취하고 오른 방향으로 360도 회전을 공중에서 실행하고 있다.
회전 시 연결되어 있는 USB 케이블이 꼬여 F.C. 보드와 접촉 불량이 발생하지 않도록 주의한다.

③ 위와 같은 나침반 교정이 성공적으로 완성되면 교정 작업으로부터 획득한 X축, Y축, Z축에 대한 오프셋값이 새로운 창에 표시된다. 이때 만족한 값이면 'OK'를 클릭하여 확정한다.

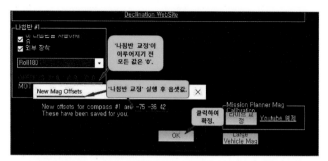

새롭게 얻어진 오프셋의 절댓값은 각각 200을 넘지 않는 것이 좋다.

또한, 각 오프셋값의 절댓값의 합이 600을 넘지 않는 것이 좋다.

(위 오프셋값의 예를 들면 절댓값의 합은 75+36+42=153으로 양호하다.)

절댓값의 합이 600을 넘는 오프셋값은 좋은 환경에서 교정 작업을 다시 실행하여 만족할 만한 값을 획득해야 한다.

이 값이 너무 크면 비행준비 과정에서 'Compass offset to high'라는 메시지 등의
나침반 관련한 이상이 HUD 창에 표시되고 비행준비 상태인 'Arming'이 되지 않을 수 있다.

④ 아래 사진은 나침반 교정을 통해 새로운 오프셋값이 'X:-74, Y:-36, Z:42'로 확정되었음을 보여 준다.

| COMPASS_MOT_Z | 0 | mGauss/A | -1000 1000 |
|---|---|---|---|
| COMPASS_OFS_X | -74 | mGauss | -400 400 |
| COMPASS_OFS_Y | -36 | mGauss | -400 400 |
| COMPASS_OFS_Z | 42 | mGauss | -400 400 |
| GND_ALT_OFFSET | 0 | | |

이 사진은 교정 작업 후 얻어진 오프셋값이 '전체매개변수(Full Parameter List)'에도 자동 확정되었음을 보여 준다.

· 둘째: 조종기를 이용한 나침반 교정(픽스호크 F.C. 사용 시).

조종기를 이용한 '나침반 교정'은 컴퓨터(GCS) 없이 교정 과정이 이루어진다. 하지만 조종기를 이용한 '나침반 교정' 작업에 들어가기 전 '무선 교정'이 완성된 상태이어야 가능하다. 즉, 순서를 바꾸어 무선 교정 후 나침반 교정을 해야 한다.

조종기를 이용한 '나침반 교정'의 설명은 픽스호크 F.C.를 사용하며 '무선 교정'이 완료된 상태임을 가정한다.

① 드론의 프로펠러를 제거한 상태에서 조종기를 켜고 드론에 배터리 전원을 인가한다.

② 조종기의 스로틀을 최고 위치에서 오른쪽 요(YAW) 방향인 직각으로 옮긴 상태로 잠시(약 2~3초) 대기하면 픽스호크 F.C.에서 약 1초에 한 번씩 주기적인 진행 알림음이 시작된다.

위의 사진은 '조종기 모드 2'로 스로틀 스틱이 왼쪽에 위치한 경우이다.
처음 AT9S를 켜면 조종기에서 알람이 울릴 수 있다.
조종기의 모든 스위치가 정상 위치에 있는지 확인하고 오른쪽 다이얼 스위치를 오른쪽으로 살짝 돌리면
소리가 멈추고 정상 작동하는 걸 확인할 수 있다.

③ 일정한 간격의 알림음을 듣고 조종기에서 손을 놓은 상태에서 USB 케이블을 이용한 나침반 교정에서와 같이 각각의 6가지 동작으로 드론을 공중에서 360도 회전한다.

④ 6가지의 동작이 완료되면 간격이 짧은 완료 알림음이 3번 울린다.
만약 6가지 동작이 완료된 후에도 완료음이 나지 않고 약 1초 간격의 진행음이 계속되면 완료음이 발생할 때까지 적당한 6가지 동작을 취하고 360도 회전을 계속 진행해야 한다. 완료음이 계속 나지 않는다면 드론과 조종기의 전원을 모두 끄고 교정에 유리할 수 있는 장소로 옮겨 처음부터 다시 실행해야 한다.

⑤ 이와 같은 과정으로 '나침반 교정'이 완료되었음을 알리는 3번의 알림음을 듣게 되면 조종기와 드론의 전원을 모두 끄고 잠시 후 다시 켜야 오프셋값이 픽스호크 F.C.에 저장된다.

교정이 성공적으로 완료되면 전체매개변수에서 자동 확정된 'COMPASS_OFS_X/Y/Z' 값을 확인할 수 있다.

## 3) 무선 교정(Radio Calibration)

무선 교정은 조종사가 목적한 의도대로 기체가 작동하여 미션을 안전하게 완성할 수 있도록 하는 작업이다. 무선 RC(조종기)를 통해 조작한 신호값이 F.C.에 오차 없이 전달되어 작동되도록 교통(Calibration for Communication)을 완성하는 과정이다.

무선 교정은 조종기와 호환이 가능한 수신기의 바인딩 작업을 완료한 후 APM F.C.의 'INPUTS' 단자에 수신기의 '1 - Ail, 2 - Ele, 3 - Thr, 4 - Rud' 순서와 극성이 맞게 연결하고 난 후에 작업해야 한다. (픽스호크는 수신기의 S-BUS 전용단자와 F.C.의 RC IN에 3P 듀퐁 점프케이블을 연결한다. 단, 픽스호크의 RC IN의 극이 APM과는 반대임을 주의한다.)
무선 교정 순서는 아래와 같다.

① '초기설정≫필수 하드웨어≫무선 교정'을 선택하면 아래 사진과 같은 화면이 나타난다.

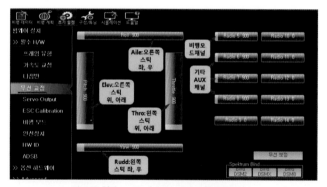

Aile=Roll/Elev=Pitch/Thro=Thro/Rudd=Yaw
조종기 스틱에서 사용하는 용어와 미션플래너에서 사용하는 용어의 차이가 있으나 의미는 같다.
미션플래너는 비행기 기능에서 사용하는 용어를 공통 용어로 사용하고 있기 때문으로 추정된다.
비행모드 채널은 자동으로 'CH5'로 결정된다.

AT9S 조종기는 피치가 자동으로 역방향으로 움직이게 세팅되어 출고되며(다른 종류의 조종기는 수동으로 피치를
역방향(REV)으로 바꾸어야 하는 경우가 대부분임.) 'Thro'를 역방향로 바꾸어야 스틱과 같은 방향으로 움직인다.
('제2장 조종기와 수신기 선택'의 'AT9S 조종기의 세팅작업'의 '④[REVERSE]'참고.)
무선 교정 작업 시 위의 사진 화면상에 피치만 역방향으로 움직이고
Roll, Thro, Yaw는 조종기 스틱과 같은 방향으로 움직여야 정상이다.

AT9S 조종기는 피치 스틱의 움직임과 화면의 PWM 값의 노란색 바(Bar)가 반대로 작동되지만
다른 종류의 조종기는 또 다른 특성을 갖고 작동한다.
조종기마다 특성을 잘 이해하고 사용해야 한다.

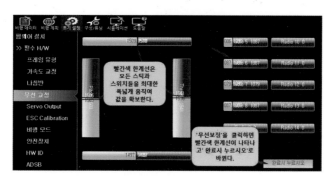

② 화면의 우측 하단 '무선 교정'을 클릭하면 각각의 채널에 해당하는 막대에 입력되는 최저, 중간, 최대의 PWM 값을 측정하여 표시하기 위한 빨간색 선이 나타난다.

③ 무선 교정 화면을 보며 조정기의 왼쪽, 오른쪽 스틱을 위, 아래, 좌, 우의 끝 및 가장 바깥 부분으로 돌려가며 화면의 빨간색 한계선이 극값을 갖도록 움직인다. 각각의 스위치(CH5~)를 위 끝, 아래 끝으로 움직이고 다이얼, 노브 스위치도 끝까지 움직여 극값의 PWM 값을 획득할 수 있게 한 후 아래 사진의 오른쪽 하단 '완료 시 누르시오'를 클릭하여 다음 과정으로 진입하도록 한다.

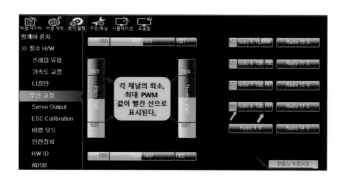

④ 조종기의 A, E, R 스틱은 정중앙, 스로틀 스틱은 최저 위치, 각각의 스위치는 처음 위치(PWM 최저 위치)로 원위치시킨 후 '완료 시 누르시오'를 클릭하면 아래 사진과 같이 이 작업에서 얻어진 각 채널의 PWM 값(약 1,000~2,000)을 F.C.에 입력할 준비가 완료된다.

다음 과정으로 사진 하단과 같이 'OK'를 클릭하여 저장을 완료한다.

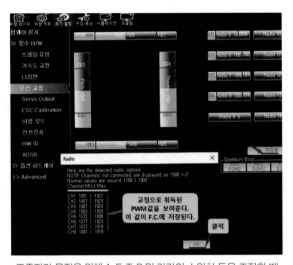

조종자가 목적을 위해 A, E, T, R 및 각각의 스위치 등을 조작할 때
조종자가 요구하는 움직임을 APM F.C.가 무선 교정으로 얻은 PWM의 값만큼 움직여 안정된 비행을 완수할 수 있게 한다.

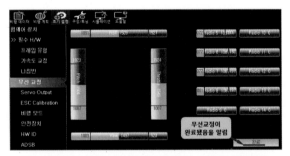

위 사진은 무선 교정이 완료되었음을 알리는 마지막 화면이다.

무선 교정 작업 시 조종기의 각각의 스위치를 움직일 때 미션플래너 화면에 연동된 채널을 메모해 놓았다가
비행모드를 제외한 기타 장치에 스위치 할당 시 활용한다.

## 4) ESC 교정 및 모터의 회전 방향 결정

ESC는 드론이 일정한 속도의 추력과 양력을 가질 수 있도록 F.C.에서 받은 PWM 신호를 모터에 전달하여 회전수로 제어하는 역할을 한다. ESC는 모터와 3선으로 연결, 모터가 한 번 회전할 때 120도씩 회전하게 한다. (3선 중 2선을 바꾸면 회전 방향이 바뀌는 이유.)

ESC 교정은 조종기에서 보낸 신호를 수신기가 받아 F.C.에 전달한 PWM 값만큼 모터가 회전출력을 발휘하여 안전한 비행이 실현될 수 있게 조종기의 신호 PWM 값을 인식시키는 과정이다. 이때, 사용하는 배터리의 셀 수도 함께 인식된다. 만일 사용하던 배터리를 3셀에서 4셀로 바꾸려면 ESC 교정을 다시 실행하고 사용해야 비행이 가능하다.

F.C.를 APM F.C.로 사용하는 경우 미션플래너 '초기설정≫필수 하드웨어≫ESC Calibration'을 사용할 수 없다.

앞에서, APM F.C.의 비행프로그램은 'ArduCopter V3.2.1'로 APM F.C.를 위한 비행프로그램으로는 마지막 버전이라고 했었다. 미션플래너를 통해 ESC 교정을 진행하려면 'ArduCopter V3.3.0' 이상이어야 한다. 그렇다고 APM F.C.의 사용이 아쉬울 것은 없다. ESC 교정은 미션플래너를 꼭 거쳐야만 할 이유가 없다. 반대로 미션플래너를 통해 ESC 교정 진행이 꼭 필요한 것은 아니다.

ESC 교정은 사용하는 제품마다 교정 과정이 조금씩은 다를 수 있다. ESC 구입 시 동봉된 설명서를 충분히 활용해야 하는 경우가 발생한다. 구매 전 충분한 정보를 확인하기 바란다.

이 책에서는 일반적으로 많이 사용하는 제품을 기준으로 설명한다. ESC 교정 과정은 APM F.C.와 픽스호크 계열의 F.C.를 사용하는 경우의 순서를 비교 나열한다. 진행 과정은 다음과 같다.

- ESC 교정 진행 전 준수사항: 모든 프로펠러를 모터에서 분리하고 진행해야 한다. 의도치 않은 프로펠러의 회전으로 상해를 입을 수 있다.

| 순서 | APM F.C. | Pixhawk F.C. 계열 | 비고 |
|---|---|---|---|
| 1. | 조종기를 켠다. | 좌와 동일. | |
| 2. | 스로틀 스틱을 최고 위치에 고정 한다. | 좌와 동일. | |
| 3. | 콥터에 전원을 연결한다. | 좌와 동일. | |
| 4. | 스로틀을 최고 위치에 고정한 상태에서 콥터의 전원을 차단했다가 다시 연결한다. | 좌와 동일. | 스로틀최고 위치 인식 과정. |
| Pix. | | 깜박이는 안전스위치의 빨간 불빛이 고정될 때까지 누르고 있는다. | 픽스호크는 별도의 안전스위치가 있다. |
| 5. | ESC에서 스로틀 최고 위치와 배터리 셀을 확인했음을 알리는 음을 확인할 수 있다. | 픽스호크는 배터리 셀 수만큼 구분음이 난다. | APM은 긴 흡(음)으로 확인. |
| 6. | '5'의 확인음이 완료되면 바로 조종기의 스로틀 스틱을 최저 위치로 옮기고 아래 '7'을 확인한다. | 좌와 동일. | |
| 7. | ESC에서 스로틀의 최저 위치를 인식한 음을 확인할 수 있다. | 좌와 동일. | |
| 8. | '7'까지의 과정이 완료되었으면 일단은 ESC 교정 과정이 완수된 상태이다.<br>스로틀을 천천히 조금씩 올렸을 때 모든 모터가 동시에 일정한 속도로 회전하면 성공이다. | 좌와 동일. | |
| 9. | 콥터에서 배터리 전원을 차단한다. | 좌와 동일. | |

※ 픽스호크 계열 F.C.는 별도의 안전 스위치가 있어
깜박임이 고정될 때까지 누르고 있다가 놓는 과정이 더 필요하다.

사진으로 과정을 다시 확인하면 다음과 같다.

드론 제작 실전

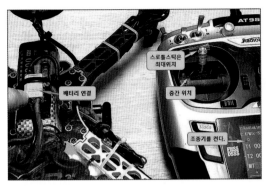

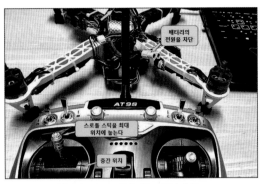

(1) 조종기의 전원을 켜고 스로틀을 최대 위치에 고정한 후
콥터에 전원 연결.

(2) 조종기 스로틀을 최고 위치에 두고
배터리의 전원을 차단한다.

(3) 배터리를 다시 연결하면,

a) APM F.C.는 연결 후 스로틀의 최고 위치와 배터리 상태를 인식했음을 알리는 긴 음이 난다.

b) 픽스호크 F.C.는 안전스위치를 누른 후 스로틀이 최고 위치에 있음을 알리는 음에 이어 배터리 셀 수만큼 반복된 음이 난다.

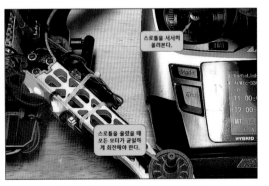

(4) 스로틀을 최저 위치로 옮기면
ESC에서 최저 위치를 인식했음을 알리는
신호음이 난다.

(5) 스로틀을 서서히 올려 모든 모터가
동시에 균일하게 회전하면 성공한 것이다.
스로틀을 내리고 배터리 전원을 차단한다.

이와 같은 과정으로 ESC 교정을 실행했으나 모든 모터가 동일한 회전력을 보이지 않는 경우 일부 ESC는 켈리가 성공하지 못한 것이거나 가속도 교정의 수평이 정확하지 않은 상태일 가능성도 있다.

일단은 ESC 교정을 처음부터 다시 시작해 본다. 그리고 가속도 교정도 다시 해 본다. 그래도 일부 모터가 회전하지 않으면 ESC 또는 모터의 불량이거나 접속(납땜을 포함한) 상태의 불량일 수 있다.

반대로 지나치게 모든 모터의 회전이 빠르다면 ESC 켈리는 성공한 것으로 다른 원인이 있어서 발생하는 문제이다. 이 원인은 'ARM_SPEED'와 같은 매개변수(Parameter)가 원인일 수 있다. 자세한 것은 뒤의 '초기 비행(First Flight)'에서 설명하기로 한다.

· 앞에서 설명한 교정 방법 이외에 '서보테스터를 이용한 ESC 교정' 방법도 활용할 수 있다. 단, 별도의 '서보테스터'라는 제품이 필요하다.

· 서보테스터를 이용한 ESC 켈리 순서는 다음과 같다.
① 우선, 서보테스터의 다이얼을 오른쪽의 최댓값으로 놓는다.
② ESC와 모터의 3선을 연결한다. 이때, 모터의 회전 방향은 고려하지 않아도 된다.
③ ESC에서 도출된 검, 빨, 흰색 선이 함께 묶인 듀퐁 커넥터를 서보테스터의 밑에서부터 (-), (+), (s)를 확인하고 꽂는다.
④ 전원을 연결한다. 이때 사용하려는 배터리의 셀 수와 같은 배터리로 연결해야 한다. 켈리 과정에는 모터에 사용하려는 셀 수도 포함되기 때문이다.
⑤ 전원 연결 후 잠시 기다리면 모터에서 확인음이 흘러나온다.
⑥ 연결음이 끝나고 바로 서보테스터의 다이얼을 왼쪽 최하 위치로 돌리면 또 모터에서 값을 인식한 확인음이 난다.
⑦ 최하에 있는 서보테스터의 다이얼을 천천히 오른쪽으로 회전해 본다. 이때 서보테스터의 다이얼을 오른쪽으로 회전할수록 모터도 비례하여 많은 회전수로 회전하면 완성한 것이다.

· 한 개씩 별도로 교정을 진행해도 되고 4개를 동시에 연결하여 진행해도 된다.

여기까지 끝이 났다면 모터의 회전 방향을 결정해야 한다. ESC 교정 후 곧바로 암 위치에 맞는 모터의 회전 방향을 설정하는 작업이 가능하다. 서보테스터를 이용하는 경우 작업이 더 간편하다.

모터의 회전 방향은 '제1장 콥터의 명칭과 모터의 회전 방향'에서 설명했었다.

| 쿼드콥터 Quadcopter |  | ①, ②는 반시계(CCW), ③, ④는 시계(CW) 방향.<br>(사진의 연두색은 시계 방향, 청색은 반시계 방향임.) | 각각의 숫자는 F.C.의 OUTPUT 단자에 해당 숫자의 ESC 단자를 맞추어 꽂아 주어야 한다. |
|---|---|---|---|

ESC 교정 후 모터의 중심축에 색깔 테이프 또는 포장용 철사 끈을 살짝 감아 두면 모터의 회전 방향을 편리하게 확인할 수 있다.

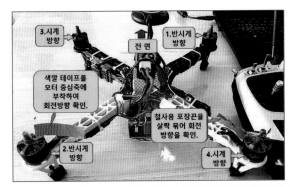

1번, 2번 모터의 중심축 나사 방향은 오른나사 방향(너트 은색으로 구분),
3번, 4번 모터의 중심축 나사 방향은 왼나사 방향(너트 검은색으로 구분)이다.
모터를 암에 체결할 때 위 번호와 모터 중심축 나사 방향이 일치하게 조립했어야 한다.
ESC에서 나온 듀퐁 점퍼 커넥터는 APM F.C.의 OUTPUT 3핀에 극성을 맞추어
위 사진의 번호 순서와 같이 꽂아 연결한 상태이어야 한다.

위와 같이 모터 중심축의 나사 방향을 알맞게 조립하고 모터의 회전 방향을 확인한 결과 회전 방향이 반대인 모터가 확인되면 ESC와 모터가 연결된 3선 중 임의의 2선을 서로 바꾸어 체결하면 처음 모터 회전 방향과 반대로 회전하게 된다.

모터의 회진 빙향을 바꾸려면 위의 사진과 같이 3선 중 임의의 2선을 바꾸면 된다.
외형 조립 단계에서 모터와 ESC 3선은 바나나 커넥터를 이용하여 작업을 해 놓았기 때문에 간편하게 2선을 바꿀 수 있다.

프로펠러의 방향은 각각 1번, 2번이 같은 방향이고 3번, 4번이 같은 방향이다. 1, 2번은 모터의 회전 방향이 반시계 방향이므로 프로펠러는 시계 방향으로 잠기는 볼트를 체결하고 프로펠러 피치 각도는 중심을 기준으로 왼쪽은 기울기가 위로 향하고 오른쪽은 기울기가 아래로 향하는 모양의 프로펠러 모양을 체결해 주어야 한다. 3, 4번은 1, 2번과 모터 회전과 프로펠러 모두 반대 방향이다.

모터의 순서와 APM F.C. OUTPUTS 3핀 연결 순서,
모터의 회전 방향, 프로펠러의 피치각의 정과 역방향 체결 등은 비행 가능과 불가능으로 나타난다.
위의 사항 중 어느 한 조건이 옳지 않으면 초기 비행에서 시동과 동시에 드론이 뒤집히거나
조종기 스틱 조작과 다르게 움직여 콥터가 손상을 입게 된다.
충분한 확인이 필요한 사항들이다.

## 5) 비행모드(Flight Modes) 입력

비행모드를 사용하려면 고유한 비행모드의 특성에 관해 이해하고 있어야 하며 조종기의 3단 스위치와 2단 스위치 두 개를 조합하여 6종류의 비행모드를 선택해 사용할 수 있다.

AT9S 조종기를 사용하면 비행모드 세팅을 위한 조종기에서의 여러 작업 과정이 줄어드는 이점이 있다. (일반적으로 각각의 3단 스위치와 2단 스위치를 연동시키기 위한 작업을 조종기에서 실행해야 6종류의 비행모드를 선택할 수 있으며 간단히 3단 스위치 하나에 3가지 비행모드만을 사용하기도 한다.)

'초기설정≫필수 하드웨어≫비행모드'를 선택하면 아래 사진과 같은 화면이 나타난다.

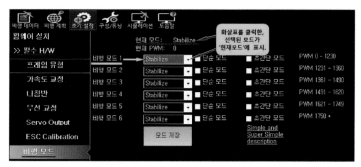

비행모드 화면의 '현재 모드:Stabilize'의 공간은 하단의 '비행모드1~비행모드6'까지에서
해당 비행모드를 각각 선택할 때 선택된 모드를 표시해 주는 표시란이다.

이와 같은 방법으로 3~6 종류의 비행모드를 선택하며 각각의 비행모드는 조종기와 같은 과정으로 입력하여 저장 한다.

화면의 비행모드를 완성하기 위하여 비행모드의 종류와 특성을 이해하고 비행모드를 선택해야 한다.

활용빈도가 높은 비행모드 위주로 설명한다.

## 비행모드의 종류와 특성

① Acro 모드: 이 모드는 비행자세를 위한 센서의 도움을 전혀 받지 않고 오로지 조종기의 스틱 조작만으로 비행을 실행해야 하는 모드로 비행 실력이 충분한 경우에 사용하는 것이 좋다. 빠른 속도에 따른 자세 변경 등이 필요한 레이싱 드론에서 주로 사용하는 비행모드이다.

② Stabilize 모드: 일명 '안정화 모드'라고 하며 가속도 교정으로 얻은 값을 드론의 수평 유지를 위해 자동으로 사용한다. 아크로 모드에서 수평 유지를 위한 조작이 센서의 도움으로 생략되었다고 이해하면 된다. Stabilize 모드는 초기 비행으로 얻어야 하는 로그 분석 및 PID 값을 얻기 위해 꼭 필요한 비행모드이므로 '비행모드 1'에 할당하는 것이 일반적이다.

가속도 센서에 의한 자동 수평 유지는 드론의 진동이 심한 경우 가속도 센서의 불안정으로 드론이 시동과 동시에 갑자기 하늘로 튀어 오를 수 있다. 이 경우 당황하지 말고 고도를 서서히 낮추고 착륙시킨 후 진동 원인을 해결한다.

③ AltHold 모드: 'Alt'는 고도를 의미하는 'Altitude'를 줄인 것으로 'AltHold'를 직역한다면 '고도 유지', 즉 F.C.의 기압 센서의 도움으로 일정 고도가 유지된다는 의미이다. 아크로 모드와 비교한다면 수평 유지 및 고도 유지까지 자동 적용된 모드이다.

AltHold 모드는 초기 비행 시 완전하지 않은 호버링 고도값의 오류로 드론이 갑자기 상승할 수 있다. AltHold 모드는 다른 비행프로그램의 'Attitude(일명 '에띠 모드' - 자세 모드) 모드'와 같다.

④ Loiter 모드: GPS가 장착돼 있어야 하며 나침반 교정이 바르게 성공한 상태에서 실행해야 하는 모드이다. 로이터 모드는 F.C.의 모든 센서뿐 아니라 GPS 전자 나침반과 인공위성의 위치 정보까지 도움을 받는 비행모드이다. 로이터 모드는 다른 비행프로그램의 'GPS 모드'와 같은 모드이다.

로이터 모드는 조종기 스틱을 움직이지 않으면 일정 고도에서 마지막으로 움직인 스틱의 위치에 고정되어 호버링을 유지한다. 로이터 모드는 일반적으로 '비행모드 3'에 할당한다.

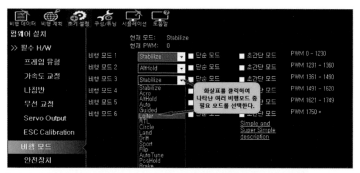

비행모드를 3단 스위치 하나에 할당하는 경우 주로 CH5(비행모드 전용)에 ① Stabilize ② AltHold ③ Loiter 모드를 사용하고 별도의 CH7_OPT 또는 CH8_OPT에 'RTL 모드'를 할당하여 사용하기도 한다.

⑤ PosHold 모드: 'Pos'는 'Position(위치)'을 줄인 것으로 '위치 고정(Hold) 모드'라는 의미이다. 위치가 고정되었다는 것은 로이터(GPS 모드와 동일) 모드와 같으나 PosHold 모드는 로이터 모드에서 모든 센서에 의한 움직임의 경직이 보완된 마치 아크로 모드의 비행 같은 부드러운 움직임의 GPS 모드라고 이해할 수 있겠다.

⑥ RTL 모드: RTL은 'Return To Launch'를 줄인 말로 해석하면 '발사 위치로 돌아간다.'는 의미로, 드론에 장착된 GPS의 위치 정보로 얻은 처음 출발 위치(Home)를 기억해 놓았다가 RTL 모드로 전환되는 순간 어느 위치에서든 처음 위치로 회항하게 하는 기능이다.

RTL 모드가 정상 작동하려면 GPS가 장착돼 있고 정확한 나침반 교정을 갖춘 상태이어야 한다. 드론이 먼 곳에 있거나 빠른 회항이 요구되는 경우에 편리하게 사용할 수 있는 기능이다. RTL 모드를 위한 회항 고도는 주변 사물에 영향을 받을 수 있어 회항 고도를 별도로 설정할 수 있다.

⑦ AUTO 모드: 자동 비행에서 사용하는 기능으로 GPS가 장착돼 있고 정확한 나침반 교정을 갖춘 상태에서 미리 설정한 자동 비행경로(Waypoint)인 AUTO 모드로 전환되면 Waypoint를 따라 조종기의 스틱 조작 없이 비행하는 모드이다.

⑧ AUTO TUNE: 비행을 목적한 모드가 아닌 PID 교정을 위한 기능적 비행에 사용되는 것으로 'CH7_OPT' 또는 'CH8_OPT'에 별도의 스위치를 할당하여 사용한다. AUTO TUNE은 별도의 설명이 필요한 기능으로 뒤에서 세부적으로 설명하기로 한다.

⑨ Simple 모드: '단순 모드'라고도 하며 조종자가 초보자인 경우 또는 멀리 비행 중인 드론의 전면 위치를 식별할 수 없어 조종자가 의도하는 위치로 비행하기 어려운 상태일 때 Simple 모드로 전환하여 처음 출발할 때의 자세를 기준으로 스틱을 조작하면 원하는 위치로 드론이 움직이는 기능적 모드이다.

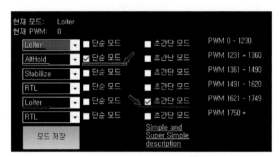

사진의 위에 있는 Loiter 모드와 아래 Loiter 모드는 같은 GPS 모드이지만
아래의 '초간단 모드'에 표시된 Loiter 모드로 전환 시 현재 나의 위치를 기준으로 스틱을 움직여
드론을 원하는 위치로 움직이게 할 수 있다.
비행모드 선택 시 사진과 같이 원하는 곳에 체크하여 사용할 수 있다.

⑩ Super Simple 모드: '초간단 모드'라고도 하며 Simple 모드 기능보다 한 단계 더 단순화된 기능으로 현재 조종자를 기준으로 조종기를 움직여 드론을 원하는 위치로 움직일 수 있는 기능이다. 예를 들면 드론이 먼 거리에 있어 앞뒤를 구분할 수 없는 상태에서 드론이 내 시야의 전면에 있는 경우 Super Simple 모드로 전환하고 조종기의 엘리베이터(Elevator-Pitch)를 나를 기준으로 하여 뒤로 당기면 공중에 위치한 드론의 선면 방향에 관계없이 나에게 다가오도록 하는 기능이다.

이상 10가지의 비행모드에 관한 설명을 하였다. 열거하지 않은 여러 종류의 비행모드가 더 있으나 안전상의 문제가 발생할 수 있거나 기타의 장치가 필요한 경우의 모드는 생략한다.

드론 제작 실전

# 미션플래너와 조종기의 비행모드 입력

AT9S 조종기는 출고 때부터 6종류의 비행모드를 사용할 수 있도록 2개의(2단 스위치×3단 스위치 = 6종류의 비행모드.) 스위치에 비행모드를 할당할 수 있게 해 놓았다.

AT9S 조종기에 비행모드를 입력하는 방법은 이 책 제2장의 'AT9S Pro 조종기 세팅 작업' 중 비행모드 세팅을 위한 '[BASIC MENU]≫[AUX-CH]≫CH5-ATTITUDE' 또는 '[ADVANCE MENU]≫ATTITUDE'에 들어가서 작업하는 과정을 자세히 설명했다.

미션플래너와 조종기에 비행모드를 동시에 설정하는 방법은 다음과 같다.

① 아래 사진과 같이 AT9S 조종기의 [ATTITUDE]에 들어가서 조종기의 오른쪽 회전 다이얼의 중심 PUSH를 눌러 비행모드 세팅 과정으로 들어간다.

조종기 세팅 과정을 다시 확인하고 미션플래너와 조종기에 비행모드를 함께 설정하는 과정을 실행하면
어렵지 않게 성공할 것으로 생각한다.

② 조종기의 스위치C와 스위치D를 한 단계씩 움직여 조종기 화면 첫 번째 오른쪽에(미션플래너에서는 '비행모드1'로 지정됨.) 'ON' 표시가 나타나도록 하고 미션플래너에서 '비행모드1'에 사용할 모드(일반적으로 Stabilize Mode)를 컴퓨터 화면의 화살표를 클릭하여 선택한 다음 조종기의 비행모드도 같은 모드를 선택하고 조종기의 오른쪽 회전 다이얼의 PUSH를 눌러 확정한다.

컴퓨터의 '비행모드1'과 조종기의 첫 번째 비행모드를 일치시키는 작업을 해야 한다.
조종기에서 해당 비행모드를 선택하려면 오른쪽 다이얼 스위치를 돌려 첫 번째 선택할 비행모드 칸으로 옮겨
PUSH를 한 번 누르면 모드의 종류에서 커서가 깜박인다.
이때 다이얼을 돌리면 선택할 수 있는 모드의 종류가 하나씩 표시된다.
선택할 모드에서 다이얼 스위치의 PUSH 버튼을 다시 한번 누르면 확정이 된다.

③ 다음 사진과 같이 조종기에서 두 번째 칸만 'ON' 표시가 될 수 있게 조종기의 스위치C와 스위치D를 한 단계씩 움직여 확정한 후 미션플래너에서 '비행모드2'에서 사용할 비행모드(일반적으로 AltHold Mode)를 선택한다.

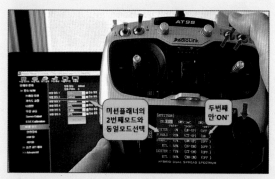

조종기에서 선택할 수 있는 비행모드의 종류는 미션플래너의 비행모드와 같이 다양하지 않다.
예를 들면 조종기에는 'AltHold 모드'가 없다. 같은 성질의 'Atti'를 선택한다.
이렇게 표현이 다른 경우 드론의 비행은 미션플래너에서 정한 비행모드로 비행하게 된다.
결국 조종기에서 정하는 모드 종류의 선택은 실제 비행을 결정하는 것이 아니라
조종자가 선택한 비행모드가 무엇인지를 조종기 화면에 표시하여 선택된 비행을 안전하게 할 수 있도록 돕는 기능을 한다.

④ '③'과 동일한 방법으로 '비행모드3'(일반적으로 Loiter 모드)를 결정한다.
위와 같이 스위치C와 스위치D의 움직임을 고려하여 6종류의 비행모드를 모두 결정한다. 앞서

드론 제작 실전

설명한 '비행모드의 종류와 특성'을 참고한 모드('RTL' 등을 추가하여 설정)를 완성한 후 미션플래너에서 하단의 '모드 저장'을 클릭하여 확정한다.

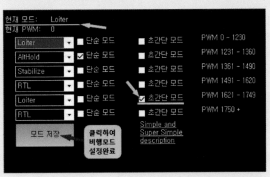

위의 사진과 같이 모드 설정이 모두 완료되면 미션플래너에서는 '모드 저장'을 클릭하여 완료하고
조종기에서는 왼쪽, 아래 END 버튼을 두 번 눌러 기본 화면으로 나간다.

⑤ 미션플래너와 조종기가 동일한 비행모드로 작동하는지 확인이 필요하다. 조종기의 스위치C와 스위치D를 한 단계씩 움직여 조종기의 첫 LCD 화면에 표시되는 비행모드와 미션플래너의 첫 화면 HUD 창 또는 비행모드 설정 화면 위에 표시되는 비행모드가 일치되는지 확인하고 사용해야 황당한 일이 발생하지 않는다.

⑥ 안전장치(Failsafe): 안전장치는 비행 중인 드론이 갑작스럽게 추락할 가능성이 있는 경우(배터리 부족, 조종기로부터 신호 두절 등.) 이에 대한 대책으로 시스템에 미리 안전을 위한 값을 설정하여 손실을 방지하고자 하는 예방조치를 말한다.

안전장치는 예상 가능한 상황에 대한 조치이며 예상 불가능한 회로 구성의 접속 불량 등에 의한 상황을 대비하는 안전 조치는 아니다.

안전장치는 일반적으로 배터리의 전압, 사용량, 전류값 등 배터리에 문제가 있는 경우나 조종기의 배터리 부족 또는 송신기의 신호 유실 등 조종기 신호에 문제가 있어 드론이 컨트롤 불가 상태에 빠졌을 때 미리 설정한 안전장치 작동(Trigger)값이 드론을 회귀(RTL) 또는 착지(Land)하게 하는 것이다.

미션플래너에서 안전장치를 사용하려면 '초기설정≫필수 하드웨어≫안전장치'를 선택한다.

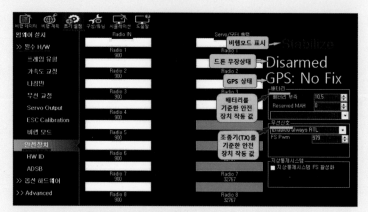

안전장치는 '배터리'와 '무선신호'에 주로 사용하며
'지상통제시스템'은 텔레메트리를 부착한 드론과 컴퓨터 사이의 수신이 가능한 상태에서만 사용 가능하다.
일반적으로 앞에 설명한 '배터리'와 '무선신호' 두 종류를 주로 사용한다.

# 08

# 안전장치 설정

## 1) 배터리를 기준으로 한 안전장치 설정

① 전압(V)값 설정: 안전장치가 작동될 전압값은 드론에 사용하는 셀 수에 따라 달라진다. ESC 교정으로 인식된 3셀을 기준으로 하여 10.5V를 기본값으로 설정하고 있으나 11V~11.5V를 선택하는 것이 더 안정적이다. 그 이유로 드론이 회귀(回歸)할 비행 거리를 고려해야 하며 여러 번 충전을 반복하여 사용한 배터리는 배터리 사용 중 후반으로 갈수록 전압이 급격히 저하되는 경향이 있다.

② 전력량(mAh) 설정: 미션플래너에서는 안전장치가 작동될 전력값을 전체 전력량의 약 20%가 남았을 때를 기준으로 하지만 필자의 경험상 30~40%가 남았을 때 페일세이프가 작동하는 것이 안정적이다. 예를 들어 배터리의 전체 전력량이 2200mAh인 경우 전력량이 약 20%(440mAh)가 남아 있다면 4개(Quad Copter)의 모터를 동시에 회전시켜 회귀하기가 거의 불가능하다. 또한 여러 번 충전을 반복하여 사용한 배터리는 배터리 사용 중 후반으로 갈수록 전력량이 급격히 저하된다.

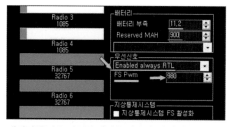

배터리의 남은 전력량 계산은 다음과 같이 간단히 계산할 수 있다.

2,200(mAh)×0.4(40%)=880(mAh)

이 계산값을 기준으로 오른쪽 사진의 'Reserved mAh'를 여유 있게 900(mAh)로 설정했다.

③ 위에서 설정한 배터리에 의한 안전장치가 작동하기 위해서는 '구성≫전체매개변수'의 'FS_BATT_ENABLE'의 선택값이 '1'로 설정되어야 한다. '0'인 경우 전압(V)과 전력량(mAh)이 입력해 놓은 기준값 이하가 되어도 안전장치가 작동하지 않는다.

## 2) 무선신호를 기준으로 한 안전장치 설정

무선신호에 의한 안전장치 작동은 조종기에서 보내는 신호의 PWM 값을 기준으로 한다.

조종기에서 보내는 신호를 수신기에서 받아 F.C.에 전달하는 PWM 값에 이상이 있는 경우 안전장치가 작동되게 하는 원리이다. 따라서 조종기와 수신기의 종류에 따라 설정 방법이 조금씩 다를 수 있다. 수신기를 구입할 때 안전장치에 대한 사용 설명 매뉴얼을 확인하기 바란다.

① 무선신호를 기준으로 한 안전장치를 설정하기 위한 PWM 기준 조건.
무선신호를 기준으로 한 안전장치를 설정하려면 적절한 크기의 PWM 값이 필요하다.

(1) 조종기 전원을 차단했을 때 스로틀 최저 PWM 값: 약 900 중 후반의 PWM 값이 출력되는 것이 좋다.
(2) 조종기 전원을 켠 상태에서 스로틀 최저 PWM 값: 약 1,000 초반의 PWM 값이 출력되는 것이 좋다.
(3) 이 조건을 만족하며 (1)과 (2) 사이의 상태에서 PWM 값의 차이가 약 10~20(PWM) 이상이어야 한다.

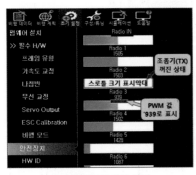
① 조종기 전원 차단 상태.

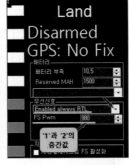
③ 10 이상 차이 나는 중간값.

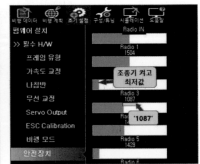
② 조종기 켜고 최저 스로틀.

미션플래너에 입력할 안전장치 작동 기준 PWM 값은 ①과 ②의 차이가 20(PWM) 이상일 때 임의의 중간 즉, 한쪽으로 10 이상 차이가 나는 임의의 중간값을 입력값으로 설정하면 된다.

10 이상 차이가 나지 않는 Trigger 값을 미션플래너에 입력하면 'check FS_THR_VALUE(스로틀 수준 이상)' 경고 메시지가 HUD 창에 표시되고 시동(Arming)이 걸리지 않는다.

조종기 전원 차단 시 스로틀 PWM 값이 약 1,100대에서 더 이상 내려가지 않는 경우가 있다. 해결하는 방법은 아래와 같다.

② 조종기 전원 차단 시 스로틀값 조정하는 방법.
스로틀값의 조정은 AT9S 조종기와 R9DS 수신기를 사용한 경우에 한하여 설명한다.

이 값의 조정 방법은 조종기와 수신기의 제조사마다 다를 수 있다. 저가형은 조정이 불가능한 제품도 있다. 조종기 구매 시 안전장치 기능을 사용하려면 매뉴얼에 안전장치 스로틀 조정에 대한 내용을 확인하고 구매하기 바란다.

미션플래너에 Trigger 값을 입력하지 않고 조종기 자체에서만 안전장치를 설정하는 제품은 안전장치 작동 여부 가능성을 신뢰하기 어렵다.

AT9S 조종기와 R9DS 수신기를 사용할 때 스로틀 PWM 값을 900 중후반으로 설정하는 방법은 아래와 같다.

(1) 드론의 날개를 제거한 APM F.C.와 연결된 미션플래너의 '안전장치' 화면에서 조종기를 켜고 스로틀 스위치의 움직임을 확인하고 실행한다.

(2) 조종기의 'MODE≫F/S'를 선택하고 PUSH 버튼을 실행한 후 조종기의 오른쪽 다이얼 스위치를 돌려 [F/S] 항목의 '3:THRO'에 화살표 커서를 맞추고 PUSH 버튼을 한 번 눌러 'NOR'과 'F/S' 중

'F/S'에 커서가 깜박이도록 다이얼 스위치를 돌린다.

(3) 스로틀을 최저 위치에 고정하고 조종기의 스로틀 트림 스위치를 밑으로 밀어 최저 위치 (-120)에 도달하도록 누르고 있다. 이때, 미션플래너 화면 'Radio 3'의 녹색 막대의 길이(PWM)가 줄어드는 것을 확인할 수 있어야 한다.

(4) 스로틀 트림 스위치를 누르고 있어도 미션플래너 화면의 PWM 값이 더 이상 낮아지지 않으면, 조종기의 스로틀 스위치는 계속 최저 위치를 유지한 상태에서 조종기의 PUSH 버튼을 눌러 'F/S' 밑의 숫자가 조정 전의 임의의 '% 숫자'에서 3%로 바뀌도록 한다.

(5) 조종기의 왼쪽 END 버튼을 눌러 조종기의 첫 화면으로 나간다.

드론 제작 실전

(6) 조종기의 트림 스위치를 -120에서 위로 올려 중앙의 '0'에 맞추면 완료된 것이다.

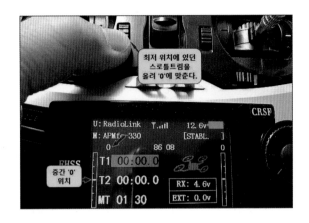

조종기를 끄고 미션플래너의 'Radio 3'의 PWM 값과 조종기를 켜고 스로틀 스틱을 최저 위치에 놓았을 때 PWM 값을 기록하여 PWM 값의 차이가 10 이상이 되는 임의의 값을 미션플래너의 PWM Trigger 값으로 입력한다.

사진과 같이 PWM 값을 입력하고 윗줄의 안전장치가 작동할 때 드론이 실행되는 방법을 선택해야 한다.
일반적으로 'Enable always RTL(홈 위치로 회귀)'를 선택한다.
그러나, GPS를 사용하지 않는 모드(예 - Stabilize)에서는 자동으로 착지(Land)한다.

'초기설정≫필수 하드웨어'에 꼭 필요한 설정은 안전장치까지 완료하면 마무리가 된 것으로 볼 수 있다.

'초기설정'의 '옵션 하드웨어(Option H/W)'는 본인이 제작한 드론의 필수 기능 외에 부가적으로 추가 부착한 센서 등을 위한 항목이다. 하지만 '옵션 하드웨어' 중에 '필수 하드웨어'처럼 공통적 필요가 요구되는 항목인 '배터리 알림창'과 '모터 시험' 항목에 대하여 설명하기로 한다.

# 09

# 옵션 하드웨어

## 1) 배터리 알림창(Battery Monitor)

미션플래너에서 '배터리 알림창'을 활성하려면 '초기설정≫옵션 하드웨어≫배터리 알림창'을 선택한다.

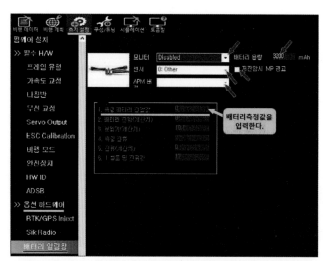

위의 '배터리 알림창' 화면의 화살표 위치를 선택하여 드론에 사용하는 배터리에 대한 정보 등을 입력해야 한다.
특히 노란색 줄 표시에는 배터리의 전압을 테스터기를 이용하여 실측하여 측정값을 입력해야 하므로
콥터에 실제 사용할 배터리를 연결해야 한다.

① F.C.와 USB 케이블로 접속된 미션플래너에 위의 사진과 같은 '배터리 알림창' 화면에서 화살

표 위치에 드론에 사용하는 배터리에 관한 여러 정보를 입력한다.

②아래 사진의 '1. 모니터' 항목을 클릭하면 모니터하고 싶은 여러 항목이 나열되어 있다. 나열된 항목 중 주로 다음의 3종류 중 하나를 선택한다.
- '0' 사용 안 함(Disable)
- '1' 전압만 모니터링(Voltage only)
- '2' 전압과 전류 모니터링(Voltage and Current)

모니터 항목 옆은 '2. 사용 배터리 용량'을 적어 넣는 항이다. 사용 중인 배터리 겉면에 표시된 용량(mAh)을 입력하면 된다.

③'센서' 항목은 'Other'를 선택하고 옆의 '저전압 시 MP 경고' 항목을 클릭하면 사용 중인 배터리 전압과 용량의 나머지가 기준치보다 낮은 경우 '경고 알림(Notification)' 작동을 묻는 확인 절차 메시지 창이 나타난다. 'OK'를 선택한다.

다음의 사진과 같이 'Battery Level' 경고의 기준이 되는 전압(V)값의 입력을 요구하는 메시지 창이 뜬다. 경고 기준 전압(V)을 직접 입력하고 'OK' 버튼을 클릭하면 오른쪽 사진과 같은 나머지 용량(mAh)값의 입력을 요구하는 메시지 창이 뜬다. 경고 기준 전력량(mAh)을 직접 입력하고 'OK' 버튼을 클릭한다.

배터리 경고의 기준이 되는 전압(V) 입력.　　　　　　　나머지 용량(mAh) 입력.

④ 'APM 버전' 선택란을 클릭하여 '2. APM2.5+- 3DR Power Module'을 선택한다. (픽스호크는 '4. The Cube or pixhawk'를 선택한다.)

⑤ 마지막으로 '보정'란 '1. 측정 배터리 전압값'은 사용 중인 배터리의 전압(V)을 테스터기로 직접 측정하여 그 값을 입력한다. 또한, 앞의 ②의 모니터하고 싶은 항목을 선택할 때 '2. 전압과 전류(Voltage and Current)'를 선택했었다면 테스터기로 사용 배터리의 전류(A)값도 측정하여 '4. 측정 전류' 항에 입력해야 한다.

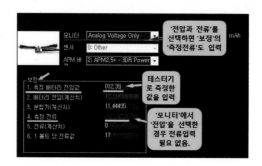

각각의 전압(V) 또는 전류(A)값을 입력하고 HUD 창으로 나가 창의 왼쪽 하단에 측정값과 동일하게 표시되는지 확인한다. 창에 표시되는 값들은 APM F.C. 자체에서 '배터리 전압(계산치)'을 형성하여 비교, 약 3~4분의 시간을 소요하고 적용되어 표시된다.

만약, 테스터로 확인되는 값과 표시되는 값이 현저하게 차이가 난다면 차이가 없을 때까지 반복 측정하여 값을 입력한다.

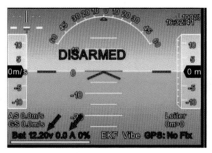

지상통제 시스템(GCS)을 사용하는 경우 미션플래너의 HUD 창에 오른쪽 사진과 같이 배터리 상태가 표시되고,
미션플래너가 가동하지 않는 비행은 '저전압 시 MP 경고'의 설정으로
LED를 부착한 경우 알람 또는 경고 불빛이 표시된다.

## 2) 모터시험(Motor Test)

모터시험은 콥터를 제작한 후 ESC 보정까지 완료한 상태의 모터와 이를 조절하는 ESC에 최소 회전값을 인식시키는 과정이다.

콥터의 초기 비행에 안정적인 시작(Arming)을 시각적으로 확인하고 비행 시 모터가 멈추지 않을 최소 출력을 갖게 해야 한다. 이를 위해 모터시험을 통해 다음의 값을 매개변수 값으로 입력한다.

· 'MOT_SPIN_ARMED': 시동(Arming)이 걸리면 이륙하지 않을 정도의 모터 회전으로 이륙 준비가 되었다는 것을 시각적으로 확인할 수 있게 해 준다.
· 'MOT_SPIN_MIN': 콥터가 비행을 지속할 최소의 모터 회전을 유지하기 위한 최소 회전값으로 활용한다.

미션플래너의 모터시험 창과 진행 과정 순서는 다음과 같다.

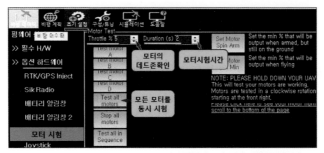

모터 데드존(Dead Zone) 확인을 1%씩 증가하며 'Test all motor'를 클릭하면 4개의 모터가 동시에 회전하는 시점을 찾게 된다.
모터 시험시간(Duration)은 모터 회전 시간(초 단위)을 정한다.
'Test motor A~D'는 콥터의 전면을 기준으로 앞면 오른쪽부터 시계 방향으로 A~D까지의 순서로
모터를 하나씩 시험하는 경우에 사용한다.


① 드론의 날개를 제거하고 F.C.와 USB 케이블로 연결된 미션플래너의 '모터시험' 화면에서 콥터에 배터리 전원을 연결한다.


② 모터시험 화면의 'Throttle %' 항목의 숫자를 초기값 5%로 둔 상태에서 'Test All Motor'를 클릭하고 1%씩 올리며 모터의 회전이 시작되는 시점이 몇 %인지 확인한다.


③ 처음 모터가 움직이기 시작한 시점을 기준으로 '무빙(Moving) 시점+3%'를 'Motor Spin Arm' 값으로 사용하며 계산하는 방법은 다음과 같다. (버전에 따라 입력 방법이 다를 수 있다.)


a) 정수단위로 입력하는 매개변수의 경우로 예를 들면, 무빙 시점이 6% + 3% = 9%, 9×10=90으로 입력.

b) 소수단위로 입력하는 매개변수의 경우로 예를 들면, 무빙 시점이 6% + 3% = 9%, $9 \times \dfrac{1}{100} =$ 0.09로 입력.


위와 같이 계산한 값을 미션플래너의 '구성/튜닝≫전체매개변수'의 'MOT_SPIN_ARMED' 값으로 입력한다.


④ 'MOT_SPIN_ARMED % + 3%'를 'Motor Spin Min' 값으로 사용한다. 계산하는 방법은 다음과

드론 제작 실전

같다.


   a) 정수단위로 입력하는 매개변수의 경우로 예를 들면, Motor Spin Arm 9% + 3% = 12%, 12×10=120으로 입력.

   b) 소수단위로 입력하는 매개변수의 경우로 예를 들면 Motor Spin Arm 9% + 3% = 12%, $12 \times \dfrac{1}{100} = 0.12$로 입력.


   위와 같이 계산한 값을 미션플래너의 '구성/튜닝≫전체매개변수'의 'MOT_SPIN_MIN' 값으로 입력한다.

'초기설정'은 GPS를 비롯한 여러 부품들이 F.C.와 결합되어 콥터로 기능하기 위한 결합의 과정이었다면, 하나의 결합체가 된 고유(크기, 무게, 사용부품 차이 등은 고유성을 갖게 한다.)의 콥터에 맞는 매개변수를 찾아 안정적 비행이 가능하게 만드는 과정을 '구성/튜닝'이라 할 수 있다.

'구성/튜닝'은 다음과 같은 항목으로 구성되어 있다.

비행모드는 '초기설정≫필수 하드웨어≫비행모드'와 동일한 과정이다. '구성/튜닝'에서는 확인의 의미이다.

· 가상 울타리(Geo Fence)
· 기본 튜닝(Basic Tuning)

- 튜닝확장(Extended Tuning)
- 표준매개변수(Standard Params)
- 고급매개변수(Advanced Params)
- 전체매개변수 리스트(Full Parameter List)
- 전체매개변수 트리(Full Parameter Tree)
- Planner

이 항목 중 제작한 고유 콥터의 비행을 위한 튜닝은 일반적으로 '기본 튜닝≫튜닝확장≫전체매개변수 리스트'의 과정을 거친다. 항목 중 '튜닝(Tuning)'과 '매개변수(Params)'의 단어가 붙은 항목들은 각자 독립적인 것이 아니라 모두 같은 매개변수로 연결되며 사용 방법의 차이로 편리성을 고려한 분류라고 볼 수 있다.

## 1) 가상 울타리(Geo Fence)

가상 울타리는 비행에 능숙하지 않은 조종자에게 일정 공간 안에서만 비행을 허용하는 일종의 공간 안전장치이다. 미리 가상 울타리의 공간 크기를 정해 놓고 범위를 벗어나는 경우 'RTL(홈 위치 귀환)' 또는 'Land(착륙)'가 작동되게 하는 기능이다.

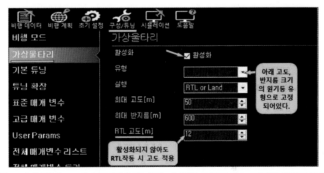

가상 울타리의 유형은 아래 '최대 고도(m)'와 '최대 반지름(m)' 값을 크기로 하는 원기둥 모양으로 Fence가 형성된다.
미리 설정한 크기의 원기둥 모양을 드론이 벗어나면 작동되는 '실행'은 'RTL or Land' 또는 'Always Land'를 주로 사용한다.

'RTL 고도'는 '가상 울타리'가 활성화되지 않은 경우에도 'RTL'이 작동된다면
'가상 울타리'의 '설정 고도(m)' 높이를 기준으로 하여 귀환한다.

충분한 비행 실력이 있는 경우 가상 울타리 활성화가 오히려 비행에 간섭을 줄 수 있다.

## 2) 기본 튜닝(Basic Tuning)

기본 튜닝은 제작한 고유한 콥터에 기본 단계의 최소 단위 '기초매개변수(Basic Parameter)'를 입히는 과정이다. 특히 콥터 비행에 가장 중요하고 기본적인 값 중에 피치와 롤의 P(Proportion - 비례)와 I(Integral - 적분) 값의 결정은 고유한 콥터 초기 비행의 성공과 실패를 결정할 중요 매개변수 값이다.

'APM2.+ F.C.'는 기본 튜닝 과정에 기본적이며 매우 효과적인 4개의 항목을 조정하여 초기, 기초적 매개변수로 활용할 수 있게 해 놓았다.

기본 튜닝 항목은 아래 사진과 같으며 각각의 기능과 활용 방법에 대한 설명은 다음과 같다.

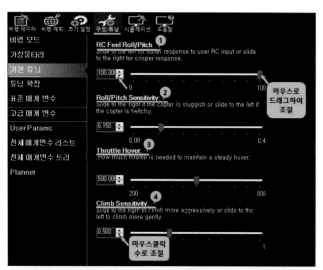

각각의 항목의 조절은 위의 사진과 같이 큰 값의 움직임이 필요한 경우
청색 게이지 마크를 마우스 왼쪽으로 한 번 누르고 드래그하여 필요한 위치로 옮긴다.
세부 값의 조정은 왼쪽 숫자가 적힌 칸의 화살표를 위 또는 아래 방향에 놓고 마우스를 한 번씩 클릭하거나
숫자창을 클릭하고 직접 값을 입력할 수 있다.

① 'RC Feel Roll/Pitch'(조종기의 수평 민감도)

(매개변수: 'RC_FEEL_RP'와 동일.)

'RC Feel Roll/Pitch'는 조종기의 롤과 피치에 대한 민감도를 조정하는 항목이다. '50'을 중앙이라 가정하고 오른쪽 값으로 올라갈수록 조종기의 움직임에 따라 콥터가 예민하게 움직이고 왼쪽 값으로 내릴수록 부드러운 민감도를 갖는다. 시험비행에서 이 값이 크면 다듬어지지 않은 콥터 초기 상태의 여러 가지 불안정한 요소(진동 등.)에 조종기의 예민성이 더해져 불안이 더욱 증폭될 수 있다.

초기에는 'RC Feel Roll/Pitch' 값을 약 40~50 정도로 설정해 두었다가 안정적 비행이 가능해지면 이 값을 조금씩 높여 테스트 비행 후 본인에게 가장 적당한 값을 선택하여 사용하도록 한다.

② 'Roll/Pitch Sensitivity'(콥터의 수평 민감도)
(매개변수: 'RATE_RLL_P/I'와 'RATE_PIT_P/I'와 동일.)

초기의 '기본 튜닝' 과정뿐 아니라 '세부 튜닝' 그리고 콥터 비행에 매우 중요한 매개변수 값 중의 하나이다. 'Roll/Pitch Sensitivity'와 연결된 매개변수 'RATE_PIT_P/I'와 'RATE_RLL_P/I'는 피치와 롤의 P(Proportion-비례)와 I(Integral - 적분)에 관한 값으로 콥터의 수평 민감도에 대한 값이다. 이 값의 변화는 콥터 비행의 가능성을 확보하는 작업이라고 할 수 있다.

콥터의 기본적 비행은 어느 정도의 수평 유지가 우선 확보되어야 그 값을 기준으로 더 정확한 수평 유지를 위한 값과 그 이외의 안전성 확보를 위한 더 많은 다른 매개변수 값을 확보할 수 있는 단계로 넘어갈 수 있게 된다.

초기에 엉성하지만 비행이 가능한 이 값을 찾지 못하면 '오토튜닝(Auto Tune)'을 통한 확실한 값을 찾기가 매우 어렵고 진동에 의한 조종 불능 상태로 기체 추락 등의 위험이 발생할 수도 있다.

초기 'Roll/Pitch Sensitivity' 값의 안전한 확보를 위해 다음과 같은 과정을 참고하기 바란다. (설명할 과정과 제시한 'Roll/Pitch Sensitivity'의 값은 개인적인 경험에 의한 것으로 공식적인 값은 아니다. 또한 이 값은 같은 부품으로 제작했다고 해도 모터와 프롭의 결속 등의 이유로 다를 수 있는 예민한 변수이다. 그래서 고유한 콥터에 맞는 'Roll/Pitch Sensitivity'의 값을 각각 찾아 주어야 하는데 드론 입문자에게는 보다 세밀한 정보가 필요할 것으로 추측되어 개인적 경험치를 적는 것으로 참고 사항일 뿐 절대적 기준이 아니다.)

a) 바람이 없는 날, 비행모드는 '안정화 모드'에 놓고 시작하며 주위가 넓은 공간으로 조종 불가능 상태에서 콥터의 추락이 발생해도 인명 피해 등이 발생하지 않을 안전한 장소에서 시험비행이 이루어져야 한다.

b) 330급 쿼드콥터(앞서 설명한 부품으로 조립한 쿼드콥터)인 경우 일반적으로 'Roll/Pitch Sensitivity'의 값을 '0.08~0.1'로 놓고 첫 시험비행을 시작하고 콥터의 Arming이 시작되면 아주 서서히 스로틀을 위로 올려 약 1m의 높이까지 올린 다음 조종기의 피치와 롤에 해당하는 스틱을 조금씩만 움직여 콥터의 움직임을 관찰한다. (1m의 높이까지 상승했다는 것은 ESC와 F.C.의 연결 관계가 정상이고 모터의 회전 방향과 프로펠러의 회전 방향이 정상이라는 뜻이다. 정상이 아니면 콥터가 뒤집힌다. 모터와 암이 각각의 나사로 견고하고 바르게 고정되었는지 비행 전 확인한다.)

c) 앞의 'b)' 과정의 관찰 결과 콥터가 진동하며 요동치면 값을 약 10% 내외로 내리며 반복적 시험비행을 시도하여 콥터가 비교적 안정적으로 비행할 때까지 값을 찾는다. 'b)' 과정의 관찰 결과 콥터가 흐느적이며 힘없이 움직이면 값을 약 10% 내외로 올리며 반복적 시험비행을 시도하여 콥터가 비교적 안정적으로 비행할 때까지 값을 찾는다.

이 과정은 여러 횟수를 반복한 시험비행이 요구되는 경우가 대부분이며 'Roll/Pitch Sensitivity' 값의 변화에 따른 콥터 움직임의 관찰 내용을 메모하며 진행하면 효율적이다.

일반적으로 콥터의 크기가 크면 'Roll/Pitch Sensitivity'의 값도 비교적 큰 값이 요구되고 작은 콥터는 비교적 작은 값이 요구되지만 콥터의 고유성에 따라 다를 수 있음도 생각하고 있어야 한다.

450급으로 10인치 프롭의 쿼드콥터의 경우 'Roll/Pitch Sensitivity'의 값을 0.1~0.13으로 놓고 첫 시험비행을 시작하고 위와 같은 방법으로 세부 값을 찾아본다.

③ Throttle Hover(콥터의 호버링 유지 정도)
(매개변수: 'THR_MID'와 동일.)

콥터가 이륙하고 약 2~3m 높이에서 조종기의 스로틀 스틱을 놓았을 때 콥터가 고도를 유지하며 호버링하는 값으로 초기 비행에는 510~550 정도로 설정해 놓고 사용해 본다.

픽스호크 F.C.는 호버링이 사용되는 모드에서 여러 번 비행하면 스스로 학습하여 적당한 값을 찾기도 한다.

비행 초기 호버링 고도를 위하여 이 값을 적당한 크기에 놓고 AltHold 모드로 전환했을 때 콥터가 하늘로 솟구쳐 오를 수 있다. 이는 Throttle Hover의 값을 높은 값으로 설정해서가 아니고 콥터 진동이 원인일 가능성이 더 높다.

④ Climb Sensitivity(콥터의 상승 민감도)
(매개변수의 'THR_ACCEL_P/I'와 동일.)

'THR_ACCEL_P/I'는 스로틀 스틱을 조작할 때 콥터의 상승 민감도를 결정하는 값이다. 스로틀 스틱을 올렸을 때 콥터가 너무 빨리 상승하면 이 값을 내리고 반대로 너무 늦게 상승하면 이 값을 올려 콥터에 맞는 상승비율값을 찾아 준다.

'Climb Sensitivity' 값은 'THR_ACCEL_P'의 P 값을 기준으로 P:I=1:2의 값을 자동 유지하도록 되어 있다.

적절한 기본 튜닝값의 입력은 시험비행의 단계부터 시작되는 비행에 필요한 P(Proportional - 비례), I(Integral - 적분), D(Differential - 미분)의 제어값을 결정하는 것으로 미션플래너를 사용하는 모든 기체는 결국 이 값을 어느 정도 기체에 맞게 잘 적용하여 사용하는가에 대한 결과로 나타난다.
따라서 기본 튜닝뿐 아니라 뒤에 이어지는 튜닝확장, 표준매개변수 등 튜닝 및 매개변수를 다루는 항목들에 사용하는 P/I/D의 의미를 이해하고 사용하면 값을 결정하는 데 도움이 될 것으로 본다.

## P제어, I제어, D제어의 의미

### - P(Proportional) 비례 제어

비례 제어는 기체가 안정적 자세를 유지하기 위한 각도 비율(Rate)값에 해당하는 만큼 모터 출력을 발휘하게 하는 가장 단순한 형태의 제어이다. 그러나 기체(機體)에서 요구하는 정도와 모터의 출력이 근사적으로 일치하지 않는다. 비례 제어는 모터의 출력 조절에 약 50% 정도로만 직접 적용되고 적용되지 못한 나머지는 오차로 남는다.

### - I(Integral) 적분 제어

적분 제어는 비례 제어에서 적용되지 못한 비행의 조건과 일치하지 않은 오차값들을 쌓아, 그 오차값들 중 편차가 큰 쪽을 보정하여 모터에 보다 안정된 값을 전달하는 역할을 한다. 이러한 방법으로 적분 제어는 오류를 보상하여 안정을 이루는 자동 트림과 같은 역할을 하게 된다.

### - D(Differential) 미분 제어

미분 제어는 과도한 비례 제어에 의한 값들을 미세하게 쪼개서(미분) 불안 요소를 줄여 안정화하는 역할을 한다.

D 값을 높이면 피치 및 롤 값의 응답 정확도가 향상되어 난기류 등의 돌발 상황의 영향을 덜 받을 수 있는 반면 진동 및 소음의 증가로 통제 불능 상태가 될 수도 있어 조건보다 높은 값의 설정은 매우 조심스럽다.

PID 값은 위와 같은 의미로 값의 기능을 한다.

내용을 이해하고 값의 변화를 조금씩 주어 관찰을 통한 시험비행에 적용해야 한다.

## 3) 튜닝확장(Extended Tuning)

기본 튜닝이 수평 유지를 위한 하나의 매개변수 피치와 롤을 근사적으로 사용하였다면 튜닝확장은 안정적 비행을 위한 다양한 매개변수를 세부적으로 취급하기 위한 과정이라 할 수 있다.

튜닝확장에서는 매우 진보적이고 획기적인 튜닝 방법인 '오토튜닝(Auto Tune)'을 이용해서 고유 콥터에 가장 적절한 튜닝값을 획득하여 안정적 비행에 활용할 수 있다. 그러나 '오토튜닝'을 사용하려면 기본 튜닝 단계에서 'Stabilize 모드'로 비행이 가능할 수평 유지를 위한 기본적인 PID 값의 획득과 조종사의 비행 실력이 뒷받침되어야 한다.

튜닝확장 항목은 아래 사진과 같으며 각각의 기능과 활용 방법에 대한 설명은 다음과 같다.

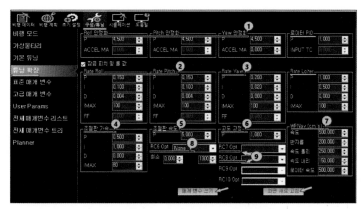

튜닝확장 화면에서 각각의 변숫값의 조정을 위하여 변화를 주고 화면 하단의 '매개변수 쓰기'를 클릭하여
변화값이 고정되어야 값의 변화가 완성된 것이다.
만일 변화값을 주고 '매개변수 쓰기'를 클릭했는데 전 값으로 돌아간다면 '전체매개변수 리스트'로 들어가
해당 매개변수를 찾아 입력하고 그 화면의 '매개변수 쓰기'를 클릭하여 확정되면 위의 화면에서도 값이 바뀌어 표시된다.

① Roll 안정화(Stabilize Roll)/Pitch 안정화(Stabilize Pitch)/Yaw 안정화(Stabilize Yaw)

'Roll, Pitch, Yaw 안정화'는 매개변수의 'STB_RLL_P', 'STB_PIT_P', 'STB_YAW_P'와 같다.

콥터의 롤과 피치의 안정화를 위한 값으로 콥터의 수평 유지 회복을 위한 민첩성 변화를 조정할 수 있다.

기본적으로 4.5가 기본값으로 설정되어 있으나 만일, 콥터가 250~280급 정도로 민첩성이 요구되는 비행도 가능하기를 원하면 롤과 피치 안정화값을 5~7 정도로 높여 시험비행을 해 보면 보다 민첩하게 롤과 피치가 움직였다가 수평 자세로의 복귀가 빨라지는 것을 확인할 수 있을 것이다. 그러나 너무 값을 높게 설정하면 진동이 발생되어 장애가 발생할 수 있다.

부드러운 비행을 위해 이 값을 낮추면 도움이 되지만 돌풍 등의 갑작스러운 변수에 적응하지 못하고 추락할 수도 있다. 롤과 피치의 안정화를 위한 기본값 4.5는 [degree/sec]를 단위로 사용한다. 단위의 의미는 초당 4.5도를 움직여 변화할 수 있음을 의미한다.

요 안정화(Stabilize Yaw)는 수평 유지를 위한 값이 아니다. 요는 롤과 피치로 수평 유지가 확보된 상태에서 헤드(Head)의 위치 변화가 요구될 때 헤드의 방향 전환을 위한 매개변수 값으로 꼭 필요하지 않으면 값의 변화가 필요하지 않다. 요 안정화를 위한 기본값 4.5는 롤과 피치와 달리 초당 200도씩 변할 수 있음을 의미한다.

② Rate Roll/Rate Pitch

'Rate'는 비율의 의미이다. 수평 유지에 사용하는 롤과 피치에 내한 비율의 성노가 콥터의 수평 유지를 위한 매개변수 값으로 사용된다. 매개변수의 'RATE_RLL_P/I'와 'RATE_PIT_P/I'과 같다. 'Rate Roll/Pitch'는 기본 튜닝의 'Roll/Pitch Sensitivity' 값과 같다.
다음의 사진을 참고하기 바란다.

기본 튜닝'의 롤과 피치.　　　　　'튜닝확장'의 롤과 피치의 P/I.

이 두 튜닝은 같은 값에 대한 것으로 '기본 튜닝'에서 한 값을 정하면 '튜닝확장'에서는 롤과 피치의 각각의 P와 I의 값 4개 항의 값이 모두 같은 값으로 변한다.

왼쪽 사진과 같이 'Roll/Pitch Sensitivity' 하나의 값을 '0.15'로 설정하면 자동적으로 오른쪽 튜닝확장에서는 Rate Roll P/I 값과 Rate Pitch P/I 값 4항목 모두 같은 '0.15'로 바뀐다. 그러나 세부 PID 값의 튜닝 시 이 값은 같거나 또는 달라진다.

'Rate Roll P/I'와 'Rate Pitch P/I' 값은 'Roll/Pitch Sensitivity'와 같으므로 '기본 튜닝' 과정에서 설명한 것과 같이 330급 쿼드콥터의 경우 0.08~0.1의 값으로 시험비행을 실행한 후 좀 더 세부적인 PID 값의 튜닝이 요구될 때 별도의 항목에 변화를 주어 시험비행을 진행할 수 있다.
'기본 튜닝' 과정에서와 같이 각각의 값에서 약 10% 내외로 값의 변화를 주고 시험비행에서 콥터 상태의 관찰을 기록하며 기본적 안정을 위한 값을 찾는다. 'I'의 값은 되도록 'P' 값과 같은 값으로 자동 적용한다.

'Rate Roll/Pitch P/I'는 초기 콥터의 실험비행에 가장 중요한 영향을 주는 값으로 콥터의 안정적 비행을 위한 평균값에 가까울수록 완성률이 높아진다. 이 과정 이후에 오토튜닝 과정을 통해 최적의 값을 찾기 위한 전초적 시험비행이 안정을 위한 유사 평균값 근처에 있어야 오토튜닝 과정에서의 안전을 확보할 수 있게 된다.

③ Rate Yaw P/I(매개변수의 'RATE_YAW_P/I'와 같다.)

Rate Yaw P는 요 회전의 정도를 의미하는 값으로 이 값이 너무 크면 진동과 함께 요의 방향이 조종기 조작 없이도 좌, 우로 털며 움직인다. Rate Yaw P는 초기값을 기준으로 위와 같은 현상이 있을 때 약 10% 내외로 낮추어 시험비행 한다. 반대로 콥터의 진동은 미세하나 요의 방향이 힘없이 한쪽으로 밀려 나가는 경우 약 10% 내외로 값을 높여 시험비행 한다. 안정적 요는 조종기의 조작이 없으면 방향의 움직임이 없어야 한다.

Rate Roll/Pitch P/I에서 P와 I 값의 크기가 유사한 범위 안에 있는 것과 달리 Rate Yaw I 값은 P 값의 1/10 정도의 값을 일반적으로 사용한다. (콥터마다 다를 수 있음.)

④ 조절판 가속도(Throttle Accel)

(매개변수의 'THR_ACCEL_P/I'와 같다.)

튜닝확장의 조절판 가속도는 기본 튜닝의 Climb Sensitivity와 같다.

기본 튜닝의 'Climb Sensitivity'와 튜닝확장의 조절판 가속도값은 같다.

조절판 가속도는 스로틀 스틱을 올렸을 때 실제로 콥터가 어느 정도의 가속을 내어 목적지를 향하는가에 대한 값을 의미한다. 기본 튜닝의 Climb Sensitivity의 값을 조정하면 튜닝확장의 조절판 가속도에서 P:I 값의 비율이 1:2로 자동 변화된다. 조절판 가속도에서는 세부 튜닝을 해도 기본 튜닝과 같은 방법으로 값의 변화가 일어나지는 않지만 되도록 P:I=1:2를 유지해 주는 것이 좋다.

조절판 가속도값의 결정은 기본 튜닝에서 설명한 Climb Sensitivity의 설명과 같다.

⑤ 조절판 속도(Throttle Rate)

(매개변수의 'THR_RATE_P'와 같다.)

조절판 가속도는 순간적 속도의 변화율을 의미하는 가속도의 의미이고 조절판 속도는 스로틀 조작에 의한 속도의 정도만을 의미한다.

조절판 가속도의 조정과 같은 방법으로 상승 속도를 조절하여 사용할 수 있으나 이 값을 변경해서 사용해야 하는 경우는 거의 없다.

⑥ 고도 고정(Altitude Hold)

(매개변수 'THR_ALT_P'와 같다.)

고도 고정은 F.C.의 기압 센서에 의한 일정 고도를 콥터가 유지하게 하는 변수로 일반적으로 1을 사용한다. 만약 이 값을 높이면 더 높은 고도에서 호버링을 유지하지만 스로틀 상승률이 그만큼 커진다.

⑦ WPNav

WPNav는 'Waypoint Navigation'을 줄인 것으로 콥터의 '경유지(Waypoint) 자동항법'에 사용할 매개변수들이지만 Waypoint를 사용하지 않는 경우에는 GPS 모드 즉 Loiter 모드를 사용할 때 자동 적용된다.

WPNav의 각각의 항목은 다음과 같은 매개변수로 연결된다.

| 튜닝확장 화면 | 매개변수 종류 | 비고 |
|---|---|---|
| 속도(Speed) | WPNAV_SPEED | 웨이포인트 속도. |
| 반지름(Radius) | WPNAV_RADIUS | WP 적용 반지름. |

| 속도 올림(Speed Up) | WPNAV_SPEEDUP | 로이터 모드와 같음. |
|---|---|---|
| 속도 내림(Speed Down) | WPNAV_SPEEDDN | 로이터 모드와 같음. |
| 로이터 속도(Loiter Speed) | WPNAV_LOIT_SPEED | 로이터 모드 속도. |

RTL 모드가 작동되어 홈 지점으로 귀환이 이루어진다면 콥터는 '속도 내림' 값의 적용을 받는다. 예를 들어 100을 입력했다면 단위 [cm/s]에 의해 초당 1m씩 하강한다는 의미가 된다.

⑧ RC6 Opt(RC6 Option)

## 반자동 튜닝

앞에서 설명한 기본 튜닝과 튜닝확장은 초기 제작한 콥터의 수평 유지를 위한 근사적 튜닝 수준을 위해 수동조작으로 튜닝을 실행했다면 이제부터 APM과 픽스호크 F.C.가 갖고 있는 매우 큰 장점인 자동튜닝 과정을 설명한다.

RC6 Opt는 반자동 튜닝 방법에 해당하는 조종기의 노브 스위치를 이용한 튜닝 방식으로 수동튜닝보다 높은 수준의 다양한 변숫값들을 얻을 수 있다.

비행 중에 조종기의 노브 스위치를 움직여 튜닝하는 방식이므로 Stabilize 모드로 비행할 수 있는 조종사의 비행 실력이 기본적으로 요구된다.

조종기의 노브 스위치를 이용한 반자동 튜닝 과정은 아래와 같다.

수동튜닝 작업을 통해 Stabilize 모드에서 콥터의 수평 유지가 근사적으로 실행 가능한 정도이어야 하고 바람이 없는 날 튜닝 작업을 실시한다.

a) USB 케이블로 콥터를 연결하고 미션플래너의 '구성/튜닝≫튜닝확장'의 아래 사진과 같은 위치를 확인한다.

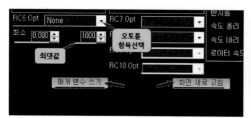 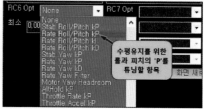

튜닝을 위한 '오토튜닝 항목선택'(왼쪽 사진 참고)을 클릭하면 오른쪽 사진과 같이 다양한 종류의 튜닝 항목이 나열된다.
콥터의 수평 유지를 위한 가장 중요하고 기본적인 'Rate Roll/Pitch kP'를 우선 선택하여 실행하고
만족한 값을 얻으면 'kI'를 실행한다.

b) 위 왼쪽 사진의 최솟값과 최댓값은 튜닝할 항목의 참값이 포함될 임의의 범위를 설정(예를 들어 수동튜닝으로 얻은 P 값이 0.10이면 0.10보다는 조금 낮은 약 0.7 정도를 최솟값으로 입력하고 최댓값을 입력할 때는 최솟값 비율보다는 높은 약 1.5 값을 입력한다. 높은 쪽에 참값이 있을 확률이 크기 때문이다.)하고 하단의 '매개변수 쓰기(Write Params)'를 클릭한다.

<주의 사항>

최댓값과 최솟값을 입력할 때 MissionPlanner 1.3.6xx 버전은 소수단위를 사용하여 입력해야 하고
MissionPlanner 1.3.7xx 버전 이상은 정수(소숫값×100) 단위를 입력한 후 클릭해야 정상 작동한다.
예를 들어 최댓값을 입력하는 경우 1.3.6xx 버전은 1.5로, 1.3.7xx 버전 이상은 150으로 입력해야 한다.

c) 조종기(AT9S)를 켜고 '[BASIC MENU]≫AUX-CH'로 들어가 CH6에 조종기 오른쪽 다이얼 스위치를 돌려 맞춘 후 PUSH를 누르고 다이얼을 돌려 'VrA'를 선택, PUSH를 다시 눌러 확정한다. 이 작업은 CH6에 조종기 상단 왼쪽 노브 스위치를 할당하는 작업이다.

조종기의 CH6에 다이얼 노브 스위치를 할당한다. 조종기에서 할당된 스위치를 움직여
미션플래너의 무선보정 화면에 연동하여 함께 움직이는지를 확인한다.

드론 제작 실전

d) 위와 같은 연동작업이 이루어지면 조종기의 다이얼 노브 스위치를 왼쪽으로 돌려 최소 위치에 놓고 '미션플래너≫튜닝확장' 화면의 RC6 Opt의 '화면 새로 고침(Refresh Params)'을 클릭하고 2~3초 후 Rate Roll과 Rate Pitch의 P 값이 입력한 최솟값과 같거나 근삿값으로 바뀌는지를 확인한다.

또, 위와 같이 조종기의 다이얼 노브 스위치를 오른쪽으로 돌려 최대 위치에 놓고 '화면 새로 고침'을 클릭하고 2~3초 후 Rate Roll과 Rate Pitch의 P 값이 입력한 최댓값과 같거나 근삿값으로 바뀌는지를 확인한다.

위의 사진은 Mission Planner 1.3.7xx 버전으로 최솟값 입력은 60이고 위의 Rate Roll/Pitch의 P 값은 0.6으로 표시되고 있다. 미션플래너 버전에 따라 입력값에 대한 단위가 다를 수 있다. 확인하고 입력 변화를 관찰하자.

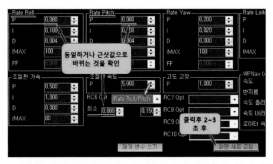

위의 사진은 Mission Planner 1.3.6xx 버전으로 입력한 소수값이 Rate Roll과 Rate Pitch의 P 값에 그대로 적용되었다.

e) 모든 입력값을 정상 확인하고 조종기의 'VrA'로 할당된 다이얼 스위치를 중앙의 약간 왼쪽에 놓는다. (수동튜닝으로 확보한 값을 기준으로 하기 위함이며 화면 새로 고침을 눌러 다이얼 스위치의 위치값을 화면에서 확인할 수 있다. 초기튜닝값의 근사 위치를 다이얼 스위치와 되도록 맞춘다.)

콥터를 안전하게 비행할 수 있는 장소에서 Stabilize 모드로 비행하며 노브 스위치를 미세하게 오른쪽 또는 왼쪽으로 돌려 콥터의 비행 상태를 관찰한다. 가장 안정적인 비행이 가능한 위치에서 노브 스위치를 멈추고 스위치의 위치가 변하지 않게 착륙 후 콥터의 배터리를 분리한다. (노브 스위치의 위치가 달라지면 값이 변한다.)

f) 콥터를 USB 케이블로 미션플래너와 연결하고 튜닝확장 화면에서 '화면 새로 고침'을 클릭하여 조종기의 노브 스위치의 위치에 입력된 Rate Roll과 Rate Pitch의 P 값을 확인하고 기록한다.

Stabilize 모드에서 비행하며, 다이얼 노브 스위치를 돌려 안정적 값을 찾는 작업은 쉽지 않다. 안전에 주의하자.
또한, 안정적 값을 얻은 후 조종기 전원을 끌 필요는 없지만 노브 스위치의 마지막 위치를 움직여서는 안 된다. 마지막 위치의 값
이 위의 사진과 같이 기록되기 때문이다.

g) 튜닝확장 화면에서 값을 확인하고 이 값을 미션플래너의 '구성/튜닝≫전체매개변수 리스트(Full Params List)'로 들어가 화면의 오른쪽 '탐색(Search)' 창에 'Rate_'를 입력하여 Rate Roll과 Rate Pitch의 P 값을 확인한다. 기존 숫자에 마우스의 커서를 놓고 더블클릭하여 기존값을 지우고 숫자를 소수 둘째자리까지 사사오입한 근삿값으로 입력하고 매개변수 쓰기를 클릭하여 값을 확정한다.

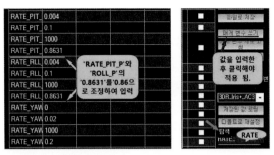

사진과 같이 전체매개변수 리스트의 탐색 창에 'RATE_'를 입력하면
매개변수 종류 중 RATE로 시작하는 모든 매개변수가 표시된다.
그중에 필요 항목을 수정하고 마지막으로 '매개변수 쓰기'를 클릭해야 확정된다.

오른쪽 사진은 앞의 과정으로 값을 정리하여 입력한 후
튜닝확장 화면으로 돌아가 변화된 것을 확인한 것이다.

이상과 같은 방법으로 RC6 Opt의 조종기 노브 스위치
를 이용한 반자동 튜닝을 활용하여 Rate Roll I와 Rate Pitch I의 값도 진행하여 콥터에 안정적 매개
변수 값을 얻을 수 있다.

⑨ RC7 Opt.(RC7 Option.) 또는 RC8 Opt.(RC8 Option.)

RC7 Opt. 또는 RC8 Opt.는 완전 자동튜닝을 활용할 수 있는 수준 높은 옵션이다. APM과 픽스호
크 F.C.의 오토튜닝 기능은 매우 우수하고 수준 높은 기능이다.

### 오토튜닝(Auto Tune)

RC7 Opt 또는 RC8 Opt를 이용한 오토튜닝은 조종기의 노브 스위치를 이용한 반자동 튜닝보다
세부적인 튜닝을 할 수 있다. 또한 조종기 등의 조작을 가하는 방식이 아니고 콥터 스스로 비행하
며 자신의 비행 조건에 가장 적합한 값을 찾는 매우 진보적이고 획기적인 방식의 튜닝이다.

오토튜닝은 안정이 확보된 수동튜닝 작업 후 또는 반자동 튜닝 작업이 완료된 후, 보다 세밀한
튜닝으로 더욱 수준 높은 안전성을 확보하고자 할 때 실행하는 것이 좋다. 출발이 불안한 상태에서
오토튜닝을 실행하면 스스로 튜닝하기 위해 콥터 몸체를 터는 동작(Twitchy)을 수십 차례 반복하
는 과정에서 콥터가 추락할 수 있다.

미션플래너에서 오토튜닝을 실행하려면 우선 조종기(AT9S)의 '[BASIC MENU]≫AUX-CH'로 들어가 CH7에 할당할 스위치(SwA)를 선택한 후 다이얼 스위치의 PUSH를 눌러 확정하고 미션플래너의 라디오 보정 화면에서 스위치를 조작할 때 CH7에 해당하는 PWM 막대가 1,800 이상의 값으로 움직여야 정상적으로 작동한다.

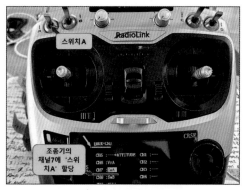

AT9S 조종기에 CH7에 해당하는 스위치를 꼭 SwA에 할당할 필요는 없다.
본인에게 편리한 스위치로 다른 것과 중복되지 않는 스위치를 선택해 사용한다.

위와 같이 조종기와 미션플래너가 같은 CH7에서 연동되는 것이 확인된다면 아래와 같은 과정으로 오토튜닝을 설정하고 실행한다.

a) 미션플래너의 '구성/튜닝≫전체매개변수 리스트'에 들어가 화면의 오른쪽 탐색(Search) 창에 CH7_OPT을 입력한다. 아래 오른쪽 사진과 같이 Value 킨에 숫자 17을 입력하고 화면 오른쪽의 '매개변수 쓰기'를 클릭하여 확정한다.

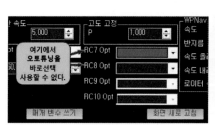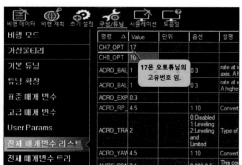

왼쪽 사진 RC7~RC8은 예전 버전에서는 화살표를 클릭하여 오토튜닝 및 여러 옵션항목을 직접 선택하여 사용할 수 있었다.

드론 제작 실전

숫자 17은 오토튜닝을 미션플래너에서 실행하도록 프로그램 되어 있는 명령값이다.

RC7 Opt 또는 RC8 Opt에서 선택하여 사용할 수 있는 고유 숫자에 대한 옵션 실행명은 다음과 같다.

0. Do Nothing. / 2. Flip. / 3. Simple Mode. / 4. RTL.

5. Save Trim. / 7. Save WP. / 9. Camera Trigger.

10. Range Finder. / 11. Fence. / 13. Super Simple Mode.

14. Acro Trainer. / 15. Sprayer / 16. Auto.

17. Auto Tune. / 18. Land. / 19. Gripper.

| | | |
|---|---|---|
| 2. 비행 중 뒤집기 동작. | 7. 웨이포인트 저장. | 9. 카메라 셔터 작동. |
| 10. 거리 측정 센서 작동. | 15. 펌프 가동. | 19. 수하물 낙하. |

b) 위와 같이 전체매개변수 리스트에 입력된 오토튜닝의 정상 작동 여부를 확인해 본다.

오토튜닝이 할당된 조종기의 스위치(SwA)를 켜거나 끌 때 미션플래너의 첫 화면 HUD 창에서 'Auto Tune'에 관한 메시지 표시를 확인할 수 있으면 정상 작동하는 것이다.

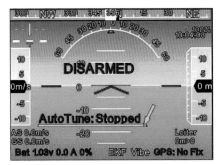

조종기에서 오토튜닝에 할당된 스위치를 켰다가 끌 때 위의 사진과 같이 'Auto Tune:Stopped'라는 메시지와 안내 목소리가 난다.
오토튜닝을 시작하기 전 튜닝확장의 매개변수 값들을 기록 또는 캡처해 놓고 튜닝 후의 값과 비교 확인하며 진행한다.

c) 바람이 없는 날, 넓은 장소에서 진행하며 순서는 다음과 같다.

ⓐ 처음 비행모드를 Stabilize 모드로 아밍(시동)하고 Althold 모드로 전환한 후 서서히 고도를 높여 약 3~4m 정도가 되면 조종기의 오토튜닝에 해당하는 스위치를 오토튜닝으로 전환하여 튜닝 비행을 시작한다.

ⓑ 처음 튜닝 시작은 Roll을 시작으로 Pitch와 Yaw의 순서로 자동연결 되어 튜닝을 실행한다.

Roll 튜닝은 좌, 우로 콥터 몸체를 터는 동작(Twitchy)을 여러 차례 반복한다. 처음 튜닝 비행을 시작한 위치에서 약 1m 이상 멀어지면 처음 시작 위치로 조종기를 조작하여 콥터를 옮겨 놓는다.

Pitch 튜닝은 전, 후로 콥터 몸체를 터는 동작을 여러 차례 반복한다. 롤 과정과 같이 콥터가 멀어지면 조종기를 이용한다.

Yaw 튜닝은 머리 방향을 좌, 우로 콥터 몸체를 터는 동작을 여러 차례 반복한다.

ⓒ 위와 같은 오토튜닝 동작으로 콥터가 안정적 비행을 보이면 조종기의 오토튜닝 스위치는 ON 상태를 유지한 상태에서 콥터를 착륙(Landing)하고 시동을 끈(Disarming)다. (단, 배터리는 연결되어 있어야 한다.)

이 과정으로 튜닝값이 임시로 F.C.에 기록된다. 이렇게 얻은 튜닝값의 만족 정도를 확인하려면 오토튜닝 스위치를 OFF로 놓고 시험비행을 한다. 그러면 바로 전에 오토튜닝으로 확보된 값으로 비행한다. 이 과정만으로 튜닝값을 만족하면 콥터를 미션플래너와 연결하고 튜닝확장 화면에서 미리 기록해 놓은 값과 비교하여 확정한다. 이 과정만으로 튜닝값을 만족하지 못한다면 다음 과정을 계속한다.

ⓓ 조종기의 오토튜닝 스위치를 ON 상태에 놓고 다시 튜닝을 시작하여 만족할 만한 값이 얻어지면 ⓒ의 과정을 실행한다.

만족할 만한 튜닝값을 확정하려면 전체매개변수 리스트에 들어가 새롭게 얻은 매개변수 값들을 반자동 튜닝 과정과 같이 소수점 정리 후 입력하고 '매개변수 쓰기'를 클릭하여 확정한다.

드론 제작 실전

오토튜닝 전의 튜닝확장 캡처 화면.　　　　　　오토튜닝 후의 튜닝확장 캡처 화면.

전과 후의 사진을 비교해 보면 Roll 안정화, Pitch 안정화와 각각의 Rate 값의 차이가 발생한 것을 확인할 수 있다. 변화 비교를 위해 Yaw의 튜닝은 진행하지 않았다. 따라서 전과 후의 값의 변화가 전혀 발생하지 않았음을 확인할 수 있다.

APM2.+ F.C.의 경우 오토튜닝 실행을 위한 최소한의 조건만을 갖추고 있어 이와 같은 과정으로 실행 완료된다. 픽스호크 F.C. (Copter 3.3.x 이상)의 경우 오토튜닝 실행을 좀 더 세부적으로 실행하기 위한 매개변수 선택 사항이 있다.

이를 정리하면 다음과 같다.

· AUTO_AXIS

튜닝 축에 관한 매개변수를 선택하는 것으로 튜닝 비행 실행의 시간이 길어 배터리 소모 시간을 초과하는 경우 한 번에 모든 축의 튜닝이 불가능하므로 선택적으로 진행하고자 할 때 튜닝할 축을 아래 숫자로 선택하여 실행할 수 있다.

1. Roll 축만 실행.　　　2. Pitch 축만 실행.
3. Yaw 축만 실행.　　　7. All(모든) 축을 실행.

· AUTOTUNE_AGGR

오토튜닝의 진행 중 콥터 몸체를 터는 동작의 강도를 정할 수 있는 매개변수이다. 이 값은 일반적으로 0.5~1.0으로 설정되어 있다. 초기 오토튜닝의 강도 세기가 불안한 진동을 유발하여 추락의 위험이 발생할 수 있다. 이때 이 값을 약 0.5~0.6으로 놓고 튜닝을 실행하면 진동 유발을 줄일 수 있다. 그러나 튜닝 후 만족스러운 값을 얻지 못할 수도 있다. 일차적(0.5~0.6의 값으로 튜닝 실행.)으로 얻은 오토튜닝값을 확정한 후 1.0으로 놓고 재차 실행하여 더 확실한 튜닝값을 확보하는 방법을 사용할 수 있다.

이상은 기본적 기능의 APM2.+ F.C.에 없는 픽스호크 F.C.(Copter 3.3.x 이상)의 추가 기능이다.

오토튜닝을 실행할 때 몇 가지 주의 사항을 적는다.

오토튜닝은 Stabilize 모드로 아밍하고 Althold 모드로 전환 후 조종기의 오토튜닝 스위치로 전환하는 과정을 거쳐야 튜닝이 정상 작동한다. 이 순서를 지키지 않으면 오토튜닝이 작동하지 않을 수 있다.

조종기의 양쪽 스틱이 정확히 조종기의 중앙에 일치하지 않는 경우에도 튜닝이 실행되지 않을 수 있다. 이때 전체매개변수 리스트에서 RC1_DZ~RC4_DZ의 기존 설정값보다 약 10 정도씩을 점차 늘려 입력하고 실행해 본다.('DZ'은 'Dead Zone'의 의미로 호버링과 관련한 값이기도 하다. 호버링 설명에서 상세 설명하기로 한다.)

튜닝확장의 마지막 내용으로 Loiter PID와 Rate Loiter는 GPS에 의한 Loiter 모드 작동과 관련한 것으로 큰 변화가 요구되지 않아 처음 정해진 기본값을 그대로 사용해도 된다.

앞에서 설명한 튜닝 과정 후, Loiter 모드에서 발생하는 문제는 GPS와 F.C.와의 관계에서 발생하는 문제일 가능성이 더 크다. 예를 들어 Loiter 모드로 진입 후 콥터가 빙빙 돈다면 지자계 센서의 자북 위치와 콥터의 북향 위치의 차이로 발생하는 문제일 수 있다.

### 매개변수(Parameters)

매개변수는 제작한 고유 콥터가 안정적 비행의 목적을 이룰 수 있도록 수십 종의 변수와 그 각각의 변수 크기 정도를 정하여 콥터에 맞는 제어를 입히는 과정의 값이다.

이미 앞에서 실행하고 결정했던 여러 종류의 보정, 비행모드, 기본 튜닝, 튜닝확장의 값들은 매개변수 값으로 연결되어 전체매개변수 리스트 등에 자동 기록된다.

APM 및 픽스호크 계열의 매개변수는 미션플래너에서 아래와 같이 구분하지만 모든 매개변수들은 전체매개변수 안에 포함된 것으로 중복적이다.

표준매개변수(Standard Params): 전체매개변수 안에 포함된 일부의 변수들 중, 자세한 설명과 세부 선택이 필요한 항목들을 별도로 구분해 놓은 변수들이다.

표준매개변수에서는 다음의 항목을 선택하여 설명한다.

· Arm checks to perform(ARMING_CHECK)
· Log bitmask(LOG_BITMASK)
· RTL(Return To Launch) 매개변수
· Throttle deadzone(THR_DZ)

고급매개변수(Advanced Params): 전체매개변수 안에 포함된 일부의 변수들 중, 고급 사용자들을 위한 항목들을 별도로 구분해 놓은 변수들로 Compass Offset 값, 필터값들의 Hz 조정, GCS에 대한 추가 데이터 유형 등의 항목이 있으나 초기값에서 꼭 별도의 값을 정할 필요는 없는 항목들이다. 여기서는 생략하기로 한다.

전체매개변수 리스트(Full Parameter List): 기체에 필요한 모든 매개변수들의 항목, 정도의 값, 단위, 항목의 간단한 설명이 나열되어 있다. 매개변수 값의 설정 및 변경을 원할 때에는 대부분 이곳에서 이루어진다.

전체매개변수 트리(Full Parameter Tree): 전체매개변수 항목들을 나무와 가지의 형태로 분리해 놓았다. 매개변수에 관한 세부설명이 필요한 항목은 다음과 같다.

## 4) 표준매개변수(Standard Params)

### a) Arm checks to perform(ARMING_CHECK)

전체매개변수 리스트의 ARMING_CHECK와 같은 항목으로 '콥터가 비행할 준비가 되었는가?'를 확인할 수 있는 매개변수이다. 콥터의 처녀비행을 위한 여러 가지의 조건을 처음부터 만족하는 것은 쉽지 않다. 따라서 비행을 위한 충족되지 않은 항목이나 여기에서 체크한 항목들은 HUD 창에 표시되어(문제가 있을 때만 표시 됨.) 아밍에 필요한 항목을 확인할 수 있다.

표준매개변수의 Arm checks to perform에서는 체크 항목으로 표시되지만 전체매개변수 리스트의 ARMING_CHECK에서는 각각의 항목별 고유 숫자로 표시된다. 되도록 모든(All) 항목을 체크하여 전체매개변수에서 1이 표시되게 사용하는 것을 권장한다. 체크를 피하고 싶은 경우 여기에서 해당 항목을 표시하지 않으면 되지만 위험할 수 있다. 원인을 해결하고 'All(1)'을 사용하도록 한다.

이 사진과 같이 시동이 작동되지 않는(Failsafe) 'Disarming' 항목은 매우 많고 다양하다. 이 항목에 대한 이해가 있어야 잘못된 항목을 처리하여 안전을 확보할 수 있을 것이다.

# 시동이 걸리지 않는 Disarming Failsafe 메시지의 원인 및 해결

비행을 위한 준비 과정 중, 콥터에 많은 항목의 조건들을 바르게 입력했는지 확인하는 것이 ARMING_CHECK이다.

전체매개변수에서 이 값을 '1(All)'로 놓았을 때 이상 메시지가 HUD 창에 표시되는 경우 원인을 해결해야 한다.

아래와 같이 Disarming 항목을 정리한다.

① Barometer(기압계)의 원인
- "Alt disparity.": 처음 콥터를 미션플래너와 연결하면 나타나는 메시지로 가속도 보정을 정상적으로 실행하면 없어진다. 그러나 처음이 아닌 경우에는 기압계와 가속도계가 지시하는 고도값의 차이가 1m 이상 발생하고 있다는 의미이다. 흔히 콥터가 갑자기 추락한 경우 마지막 고도를 정상적으로 읽지 못하여 발생한다. 가속도 보정을 다시 실행해 본다.

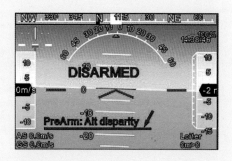

- "Baro not healthy.": 기압 센서가 비정상적으로 작동하고 있음을 알리는 메시지이다. F.C.의 기압계가 열에 의해 과열되었거나 센서 자체에 이상이 있을 수 있으며, 모든 종류의 보정을 완료하면 해결되는 경우도 있다.

② Compass의 원인

- "Compass not calibrated.": 처음 콥터를 미션플래너와 연결하면 나타나는 메시지로 나침반 보정을 실행하면 사라진다.

- "Compass not healthy.": F.C.와 GPS 연결이 정상적이지 않은 경우에 발생한다. GPS의 2선이 F.C.와 접촉 불량일 때 흔히 발생한다. GPS 연결선의 단선을 확인해 본다.

("Bad Compass Health."로 표현되기도 함.)

- "Compass inconsistent.": '일관성 없는 나침반'이라는 의미로 내부 나침반과 외부 나침반이 동시에 가동된 경우 콥터의 사용 시간이 길어질수록 두 나침반 사이의 편차가 쌓여 발생한다. 이를 해결하려면 나침반 교정을 다시 실행한다. 픽스호크 또는 미니픽스의 경우 매개변수 중 COMPASS_USE 2를 0으로 변경하여 외부 나침반만을 사용하는 옵션을 선택하면 해결된다.

- "Compass offset to high.": 나침반 교정 작업 후 얻어지는 오프셋값에 대한 메시지로 각각의 X, Y, Z축의 절댓값은 200 미만, 절댓값의 총합은 600 미만이어야 양호하다.

이 메시지는 이 값을 많이 초과하여 발생하는 문제이다. 양호한 값을 얻기 위한 방법은 '초기설정≫나침반 보정'을 참고하기 바란다.

("Bad offset."으로 표현되기도 함.)

- "Check Mag field.": 콥터가 놓인 주변에서 자기장이 필요 이상으로 감지되고 있음을 알리는 메시지이다. 핸드폰 등의 전자제품이 가깝게 있어도 원인이 된다. 자기장이 적은 장소로 옮기거나 전자제품 등의 원인을 제거한다.

("Bad Mag field."로 표현되기도 함.)

드론 제작 실전

③ GPS의 원인

- "GPS Glitch.": GPS의 위치 정보가 상당히 부정확한 경우에 나타나는 메시지이다. 콥터의 위치를 옮겨 보거나 시동 전 콥터를 수평으로 360도 회전, 콥터의 코를 하늘로 향하고 360도 회전해 본다. 그래도 해결되지 않는 경우 나침반 보정을 다시 실행한다. 또한 GPS 모드가 필요한 경우로 '가상 울타리 모드'가 켜져 있는 경우에도 이 메시지가 표시되며 '구성/튜닝≫가상 울타리'에서 활성화 체크를 삭제하여 비활성화로 바꾸면 해결되기도 한다.

- "High GPS HDOP.": 'GPS HDOP'는 '위치정확도 측정값'으로 GPS를 사용하는 모드의 경우 미션플래너의 비행 데이터 지도 화면 좌측 하단에 값의 정도가 숫자로 표시된다. 2.0 이하가 정상적인 상태이다. 이상의 값인 경우 위성 수신 상태가 좋은 곳으로 장소를 옮기거나 전체매개변수에서 'GPS_HDOP_GOOD'을 찾아 변숫값을 2.0~2.8 정도로 높여 설정하면 해결될 수도 있다. 그러나 대부분 수신 상태가 좋아지면 자연 해결된다.

- "Bad velocity.": 관성 내비게이션 시스템에 의한 콥터의 속도가 높게 측정되는 경우의 메시지이다. 전체매개변수에서 'LAND_SPEED'를 50[cm/s]보다 작은 값으로 변경해 본다. 그래도 해결이 안 되면 가속도 보정을 다시 실행한다.

- "Need 3D Fix.": GPS를 사용하는 모드에서 활성화되지 않는 경우의 메시지이다. 실내의 경우 밖으로 나가야 하고, 가상 울타리 모드가 켜져 있는 경우 비활성화로 바꾸면 해결된다.


④ 센서의 원인

- "Accels not healthy.": 콥터에 펌웨어를 입히고 발생하는 메시지인 경우 가속도 보정을 실행하면 해결이 되지만 가속도계 자체의 문제일 경우 F.C.를 교체해야 한다.

- "Accels inconsistent.": 가속도계에서 인지하는 가속도가 1[m/s/s] 이상 차이가 나는 경우의 메시지이다. 가속도 보정을 실행한다. 보정으로 해결되지 않는 경우 가속도계 자체의 문제로 F.C.를 교체해야 한다.

- "INS not calibrated.": INS(Inertial Navigation System.) 즉, 관성항법장치가 비정상임을 알리는 메시지이다. 가속도계 보정을 실행한다.

- "Gyros not healthy.": 콥터에 펌웨어를 입히고 발생하는 메시지인 경우 가속도 보정을 실행하면 해결이 되지만 자이로 센서 이상의 경우 센서 자체의 문제로 F.C.를 교체해야 한다.

- "Gyro cal failed.": 자이로 보정을 했으나 자이로 오프셋값을 저장하지 못한 경우의 메시지이다. 콥터를 공중에 수평으로 들고 360도 회전, 코를 하늘로 향하고 360도 회전하거나 배터리를 차단했다가 다시 연결해 본다.

- "Gyro inconsistent.": 자이로 센서가 두 개 이상 작동할 때 센서의 자이로값이 20[deg/s] 이상 차이 나는 경우이다. 자이로 보정을 정확한 자세로 다시 실행한다.

⑤ 배터리의 원인

- "Check board voltage.": F.C. 보드 자체의 전압 이상을 알리는 메시지이다. 내부 전압이 4.3[V] 이상~5.8[V] 미만의 범위를 벗어난 경우 보드 전압 이상을 알리는 메시지이다.

- "Low Battery.": 배터리의 페일세이프를 작동하게 한 경우 미리 정해 놓은 배터리 용량 미만일 때 나타나는 경고 메시지이다. 홈 위치로 회귀하여 배터리를 충전한다.

⑥ 매개변수의 원인

- "Check FS_THR_VALUE.": 스로틀 페일세이프 설정 시 PWM 설정값이 CH3의 스로틀값과 너무 근접(10 이상 차이가 나야 함.)하여 발생하는 메시지이다. 자세한 설명은 '초기설정≫안전장치'의 '무선신호 안전장치'를 참고하기 바란다.

- "CH7 & CH8 Opt cannot be same.": 옵션 채널 7과 8이 하나의 스위치로 작동되고 있어 발생하는 메시지이다. 조종기에 각각 별도의 스위치를 할당한다. 자세한 설명은 '초기설정≫안전장치'의 '무선신호 안전장치'를 참고하기 바란다.

- "Check ANGLE_MAX.": 콥터의 기울기 제어 범위가 너무 과다할 때 나오는 메시지로 ANGLE_MAX 값이 10°(1000) 미만 80°(8000) 이상으로 설정된 경우 나타나므로 1000~8000 사이의 값으로 변경한다.

⑦ 기타 원인

- "logging failed.": 로그가 활성화되었지만 로그 활용을 할 수 없는 상태임을 알리는 메시지이다. SD 카드를 삽입하여 로그를 저장하는 픽스호크의 경우 SD 카드를 F.C.에서 꺼내어 컴퓨터에서 포맷하고 사용한다.

- "Hardware safety switch.": 픽스호크와 미니픽스는 안전 스위치를 별도로 장착하여 활용하고 있다. 안전 스위치를 누르면 메시지가 사라진다.

## b) Log bitmask(LOG_BITMASK)

표준매개변수의 Log bitmask는 앞서 비행 데이터 화면의 '데이터플래시 로그란?'의 설명 과정에서 LOG_BITMASK에 있는 용어 및 설정 그리고 로그의 활용 방법까지 충분한 설명이 있었다. 참고하기 바란다.

비행 데이터의 데이터플래시 로그에서 충분한 설명이 있었음.

## c) RTL(Return To Launch) 매개변수

① RTL Altitude(RTL_ALT): 콥터가 홈으로 귀환하기를 원하여 조종기에 할당된 RTL 모드가 작동된 경우 콥터가 홈으로 귀환할 때의 높이를 결정한다.

RTL 고도는 가상 울타리의 RTL 고도와 연동되며 현재 비행 중인 콥터의 고도가 설정한 고도보다 높으면 현재 고도를 유지하여 귀환하고 설정 고도보다 낮은 경우에는 설정한 고도만큼을 더 올라간 후 귀환한다. 귀환 시 장해물과 콥터의 충돌을 방지하기 위함이다.

② RTL_Final Altitude(RTL_ALT_FINAL): RTL 모드가 작동되어 홈으로 귀환하여 홈 위치에서의 마지막 동작을 결정하는 매개변수다.

이 값을 0으로 결정하면 홈 위치에서 콥터는 땅바닥으로 착지하고 100을 입력하면 1m(단위가 cm이다.) 높이에서 다음 동작을 기다리며 호버링하고 있게 된다.

③ RTL_loiter time(RTL_LOIT_TIME): RTL 모드가 작동되어 홈으로 귀환할 때 착지 동작으로 전환하기 전 상공에서 잠시 머무르는 시간을 결정한다. 시간의 단위는 밀리 초를 사용한다. 예를 들

드론 제작 실전

어 3000(밀리 초)을 입력하면 3초 동안 착지 동작으로 전환 전 호버링하고 난 후 착지를 시작한다.

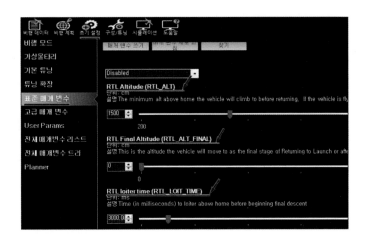

표준매개변수에서 RTL에 관한 변수는 이와 같은 3가지 항목으로 구성되어 있으나 RTL과 관련한 매개변수의 종류는 '구성/튜닝≫튜닝확장'의 WPNAV 매개변수도 같이 적용된다고 설명했었다. 예를 들어 RTL 모드가 작동되어 홈 위치에서 착지할 때 속도가 너무 빨라 콥터에 충격이 발생할 수 있다면 착지 속도를 낮추어야 하는데 이때 WPNAV_SPEEDDN 값을 줄여 해결할 수 있다. (참고: LAND_SPEED는 RTL 모드 작동이 아닌 일반 모드에서의 착지 속도임.)

### d) Throttle deadzone(THR_DZ)

'THR_DZ'은 'THRottle DeadZone'을 줄인 매개변수의 용어이다. 직역하면 '스로틀 불감지역'이라는 의미로 이 지역에서는 스로틀에 의한 콥터의 상승 또는 하강이 이루어지지 않고 일정 고도를 유지하는 호버링 상태임을 말한다.

THR_DZ은 호버링 PWM 값과 연관되며 AltHold, Loiter, PosHold 비행모드에 적용된다.

# 호버링(Hovering) PWM 값과 THR_DZ의 관계

호버링이란 IMU와 GPS의 위치 정보에 의하여 콥터가 일정 고도와 자세 및 위치를 안정적으로 유지한다는 의미이다. 호버링이 유지되게 하려면 스로틀 스틱의 움직임이 있어도 기압 센서에 의한 고도값은 변함없는 스로틀 불감지역이 필요하다. 이 지역을 'Throttle deadzone'이라 한다.

오른쪽 사진과 같이 THR_DZ 매개변수 값을 100으로 설정한다면 이 값은 10%의 불감지역(deadzone)을 스로틀 중앙값(THR_MID:500)을 중심으로 위와 아래 즉, 400~600의 범위가 호버링을 위한 데드존으로 설정된다는 의미이다. (THR_MID:500, THR_DZ:100으로 설정한 것은 설명의 예를 위한 값이며 THR_MID 값은 특히 고유 콥터에 따라 값이 다르다.)

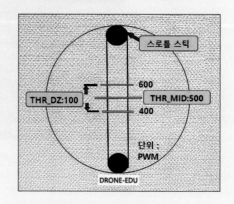

• 호버링을 위한 THR_MID와 THR_DZ의 PWM 값 찾기

THR_MID 값은 호버링의 중앙값이다. 이 값을 기준으로 하여 THR_DZ(Throttle deadzone)으로 호버링 범위를 설정한다. 찾는 방법은 아래와 같다.

제작한 콥터는 Stabilize 모드에서 안정적 비행이 가능한 상태이고 바람이 없는 날에 실행한다.

a) '구성/튜닝≫전체매개변수'에서 THR_MID를 찾아 PWM 값을 임시로 500으로 설정하고 쓰기를 클릭하여 입력한다.

b) Stabilize 모드로 비행하여 스로틀 스틱을 중앙에 놓았을 때 콥터의 계속 상승 또는 계속 하강을 관찰한다.

c) 계속 상승한다면 THR_MID의 PWM 값을 10~20 내리고, 계속 하강한다면 이 값을 올려 다시 시험비행 하여 비교적 일정한 고도의 THR_MID 값을 찾는다. (Stabilize 모드에서는 기압 센서가 작동하지 않아 Loiter 모드와 같은 고도 유지가 되지 않는다.)

d) 'c)'에서 찾은 THR_MID 값은 호버링을 위한 중앙값으로 이용하고 이 값을 중심으로 스로틀

드론 제작 실전

불감지역을 전체매개변수의 THR_DZ을 정하고 입력한다. 0은 데드존을 사용하지 않게 되고 100은 10%, 120은 12%를 의미한다.

일반적으로 이 값의 범위는 0~300(30%)까지 설정할 수 있으나 100~150 정도를 많이 사용한다.

이상 위와 같은 수동 방법으로 적용할 수도 있지만 아래와 같이 데이터플래시 로그를 이용하여 보다 간단히 값을 찾을 수도 있다.

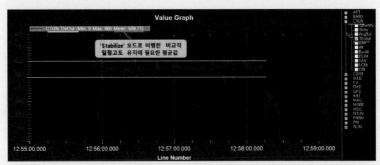

위의 사진은 데이터플래시 로그, CTUN, BITMASK의 ThrOut을 이용하여 THR_MID(평균 호버링 PWM) 값을 찾은 것이다.
이 값을 중앙값으로 하고 THR_DZ 값을 정한다.
비교적 일정한 고도를 유지하기 위해 스로틀 스틱의 적당한 조작이 필요했다.
표준매개변수의 Log bitmask(LOG_BITMASK)에서 CTUN 항목에 미리 체크해 놓고 비행하여 로그값을 얻는다.

위와 같이 호버링값이 결정되었다면 데이터플래시 로그를 통해 호버링이 잘 적용되고 있는가를 AltHold 성능 확인으로 알 수 있다.

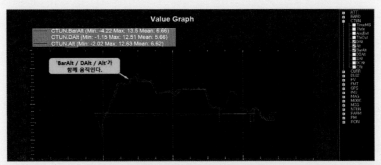

데이터플래시 로그, CTUN, BITMASK의 기압계 고도(BarAlt)/희망 고도(DAlt)/관성항법장치의 고도 추정(Alt) 그래프가
대부분 일치하는 화면을 보인다.
이것은 설정한 호버링 PWM 값이 양호하게 적용되고 있음을 의미한다.

# 11

# 전체매개변수 리스트
# (Full Parameter List)

기체에 필요한 모든 매개변수들의 항목, 정도의 값, 단위, 옵션, 설명 등이 나열되어 있다.

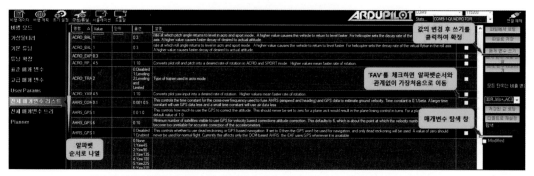

필요에 의해 선택한 매개변수 값의 변경 후 우측의 '매개변수 쓰기'를 클릭하여 확정한다.
탐색 창에 찾고 싶은 매개변수를 표시하여 빠른 찾기가 가능하다.
변경을 기억해 놓을 필요가 있는 경우 FAV에 체크하여 항목을 맨 앞으로 옮길 수 있다.

관심 있게 관찰해야 할 매개변수 항목에 대한 설명은 다음과 같다.

## 1) 전체매개변수 리스트 용어

전체매개변수 리스트에는 제작한 콥터의 안정적 비행을 위한 모든 매개변수가 포함되어 있다. 이 매개변수들은 쿼드콥터 및 여러 종류의 콥터에 공통적으로 사용할 수 있게 되어 있다. 내용 또한 초기 비행에 꼭 정해야 할 항목과 기본값을 그대로 사용하여 별도의 조치가 필요하지 않은 항목

드론 제작 실전

들도 있다.

여기에서는 콥터 제작을 위해 의미를 이해하고 있어야 할 항목의 매개변수 위주로 정리한다. 또한 APM 2.+(Copter 3.2.1)뿐 아니라 픽스호크에서 공통 적용될 중요 매개변수도 일부 포함한다.

· ACRO_BAL_PITCH/ROLL
아크로 모드 및 스포츠 모드에서 피치/롤의 수평복귀 속도를 결정한다. 값이 클수록 빠른 복귀가 이루어진다. 범위: 0~3

· ACRO_ROLL_RATE
아크로 모드에서 롤 스틱을 움직였을 때 롤 각의 변화에 대한 비율의 최대 속도. 범위: 10~500[deg/s] (deg/s는 초당 각도 변화.)

· ACRO_PITCH_RATE
아크로 모드에서 피치 스틱을 움직였을 때 피치 각의 변화에 대한 비율의 최대 속도. 범위: 10~500[deg/s]

· ACRO_RP_P
아크로 모드 및 스포츠 모드에서 조종자의 롤 및 피치를 원하는 최대 속도로 변환하게 한다. 범위: 1~10(4.5를 기본값으로 사용.)

· ACRO_YAW_P
조종자의 요의 변화를 원하는 최대 속도. 범위: 1~10(4.5를 기본값으로 사용.)

· AHRS_GPS_BETA
AHRS와 GPS를 융합하는 데 사용되는 크로스오버 주파수의 시간상수의 제어. 설정값: 0.001~0.5

· AHRS_GPS_GAIN

GPS 정보를 자세교정 시스템(AHRS)에 어느 정도로 이용할 것인지에 대한 매개변수로, 이 값을 0으로 사용하면 기체가 자세를 잡지 못하여 추락할 수 있다. 기본적으로 이 값은 1을 사용하며 특별히 변경하여 사용할 이유가 거의 없다.

· AHRS_GPS_MINSATS

자세교정 시스템에서 시용할 최소힌의 인공위성 개수를 결정한다. 기본직으로 6개를 최소 단위로 한다.

· AHRS_GPS_USE

자세교정 시스템에 GPS 정보를 사용할 것인지에 대한 매개변수.
0: 사용 안 함, 1: 사용함.

· AHRS_ORIENTATION

보드 유형의 표준 방향(Roll 180)에 대한 상대적인 기체보드 방향.

IMU와 나침반이 회전하여 보드의 방향을 90° 또는 45° 각도로 잡을 수 있다.

표준방향(Roll 180)을 사용하지 않고 방향을 바꾸면 방향 선택 및 설정 후 모든 전원을 Reset해야 적용된다. (HUD 창에서 바뀐 각도를 확인할 수 있다.)

· AHRS_RP_P

자세교정 시스템과 GPS가 기체의 자세를 수정하는 속도 정도를 제어한다. 0.1~0.4의 범위로 0.01씩 증가할 수 있다.

· AHRS_TRIM_X/_Y

기체의 보드(F.C.)와 프레임 사이의 롤 각도(X), 피치 각도(Y)의 차이를 보상한다. 가속도 보정 후에도 Stabilize 모드에서 어느 한쪽으로 계속 흐르며 비행하면 이 값을 수정하는 수동 트림 설정이 가능하다. 왼쪽 롤 각 (-), 앞쪽 피치 각은 (-)이며 단위는 라디안(Rad)이다. 설정범위:

드론 제작 실전

-0.1745~+0.1745

· AHRS_WIND_MAX

지상속도와 대기속도 사이의 속도 차이에 대한 최소 허용 길이.

0: 속도 센서가 대기속도를 그대로 사용, 0~127[m/s] 선택.


· AHRS_YAW_P

자세교정 시스템과 GPS가 기체의 헤딩에 활용되는 정도를 결정하는 변수로 값이 클수록 YAW에 빠르게 적용되어 헤딩력이 향상될 수 있다. 0.1~0.4의 범위로 0.01씩 증가할 수 있다.


· AHRS_EKF_TYPE

자세 및 위치 추적에 EKF를 사용하는 경우 EKF 타입을 설정한다.

2: EKF2를 사용, 3: EKF3를 사용.


· AHRS_GPS_EXTERNAL

AHRS 기능 사용 시 GPS의 외부입력 사용 여부를 설정한다.

0: 내부입력(on board의 internal), 1: 외부입력.


· ANGLE_MAX

모든 비행모드의 기울기 각도를 설정한다. 범위: 1000~8000[cdeg]


· ARMING_CHECK

기체 제작 후 비행에 필요한 상태 이상 여부를 확인할 수 있으며, 선택 항목 비트마스크의 아밍 검사를 할 수 있다.

0: 검사하지 않음, 1: 모든 항목의 검사. 기타의 항목 선택은 '표준매개변수≫Log bitmask(LOG_BITMASK)'에서 할 수 있으며 선택한 항목의 고유 숫자가 전체매개변수에 표시된다. (표준매개변수에서 필요 항목의 선택 후 쓰기를 클릭해야 함.)

· AUTOTUNE_LEVEL

오토튜닝 과정에서 콥터 몸체를 터는 동작의 강도 세기를 조정할 수 있는 매개변수이다. 강도의 세기는 0~10 단계이며 낮은 숫자일수록 부드럽다. 일반적으로 5~6을 사용한다.

· ATC_ACCEL_Y_MAX

요축의 최대 가속도 크기.

0, 720000: 사용 안 함, 9000: 매우 천천히, 18000: 천천히, 36000: 중간, 54000: 빠르게.

· ATC_RATE_Y_MAX

요축의 최대 각도 비례 속도.

0, 10800: 사용 안 함, 360: 천천히, 720: 중간, 1080: 빠르게.

· ATC_SLEW_YAW

Loiter, RTL, AUTO 모드에서 요를 대상으로 업데이트할 수 있는 최대 속도. 범위: 500~18000[cdeg/s]

· BATT_CAPACITY

콥터에 사용하는 배터리의 최대용량[mAh].

· BATT_MONITOR

배터리 전압 및 전류 등의 모니터 항목 선택.

0: 사용 안 함, 3: 전압만 모니터링, 4: 전압과 전류 모니터링.

· CAM_DURATION

카메라의 셔터가 열린 상태를 유지하는 시간.

1초=10, 5초=50으로 사용.

· CAM_TRIGG_DIST

카메라 셔터가 눌러지는 거리 간격으로 이 값이 정한 숫자의 단위(m)만큼의 간격을 두고 카메라 셔터가 트리거된다.

· CAM_TRIGG_TYPE

사진을 찍기 위한 카메라를 작동하게 하는 장치의 선택.

0: 서보, 1: 릴레이, 2: GoPro in Solo Gimbal.

· CH7/CH8_OPT

채널7과 채널8의 옵션 선택. 선택할 옵션의 종류는 튜닝확장의 오토튜닝 참고.

· COMPASS_AUTODEC

GPS를 기준으로 경사 편차를 자동으로 계산함.

0: 사용 안 함, 1: 사용함.

· COMPASS_DEC

진북과 자북의 보정값. 범위: -3.142~+3.142[rad]

· COMPASS_EXTERNAL

외부 나침반을 사용하도록 설정하며 PX4에 자동 감지된다.

0: 내부 나침반 사용, 1: 외부 나침반 사용.

· COMPASS_LEARN

나침반의 자동 학습에 관한 사항의 선택.

0: 사용 안 함, 1: 내부 나침반 사용, 2: EKF로 학습, 3: 비행으로 학습.(3을 선택하면 비행과 동시에 자동으로 학습이 시작되지만 위치 제어 모드를 사용할 수 없으므로 주의한다.)

· COMPASS_MOT_X/_Y/_Z

모터의 간섭을 보상하기 위한 _X/_Y/_Z 축의 값.


· COMPASS_MOTCT

모터의 간섭에 대한 보상 유형 선택.

0: 사용 안 함, 1: 스로틀을 기준으로 함, 2: 전류를 기준으로 함.


· COMPASS_OFS_X/_Y/_Z

프레임의 금속성 등의 원인으로 발생하는 나침반의 _X/_Y/_Z 축에 대한 보상을 위한 오프셋값.


· EKF_CHECK_THRESH

통합위치정보를 필터링하는 EKF의 속도 편차 및 허용 나침반 편차의 발생 정도를 어느 정도 허용할 것인지에 대한 매개변수. (비행 데이터의 HUD 창의 EKF값 확인 설명 참고.)

0.6: 엄격하게 적용, 0.8: 기본, 1.0: 여유롭게 적용.


· FENCE_ACTION

콥터가 가상 울타리를 통과하여 밖으로 나갔을 경우 취할 콥터의 행동.

0: 보고한다, 1: RTL 또는 착지, 2: 항상 착지, 3: 스마트 RTL 또는 RTL 또는 Land, 4: 정지 또는 착지, 5: 스마트 RTL 또는 착지.


· FENCE_ALT_MAX

가상 울타리의 고도 설정. 범위: 10~1000[m]


· FENCE_ENABLE

가상 울타리 사용 여부. 0: 사용 안 함, 1: 사용함.

· FENCE_MARGIN

가상 울타리 벽에서 밖으로 여유 공간의 거리값.

범위: 1~10[m]


· FENCE_RADIUS

원기둥 모양의 가상 울타리 반지름 크기.

범위: 30~10000[m]


· FENCE_TYPE

가상 울타리의 모양으로 원기둥 모양(3)을 일반적으로 사용.


· FLTMODE(1~5)

선택할 비행모드의 5종류. '초기설정≫필수하드웨어≫비행모드'를 참고.


· FS_BATT_ENABLE

배터리를 안전장치로 활용할지 여부를 선택.

0: 사용 안 함, 1: 사용함.


· FS_BATT_MAH

안전장치가 배터리의 용량으로 작동할 경우 배터리의 최소 용량[mAh].


· FS_BATT_VOLTAG

안전장치가 배터리의 전압으로 작동할 경우 배터리의 최소 전압[V].


· FS_CRASH

일종의 충돌방지 기능으로 충돌이 감지되면 콥터의 모든 모터를 멈추게 하는 기능이다. 콥터의 제작 직후 진동이 심한 경우 이 매개변수가 활성화되어 있으면 충돌 예상 감지로 모터가 멈추고 추락할 수 있음을 주의해야 한다. 0: 비활성화, 1: 활성화.


· FS_GCS_ENABLE

지상국(GCS)과의 교신이 5초 이상 손실될 경우 안전장치를 사용할 것인지에 대한 설정 및 수행 작업을 선택. (텔레메트리를 사용할 경우)

0: 사용 안 함, 1: RTL.


· FS_THR_ENABLE

안전장치가 작동된 후 콥터가 취할 행동.

0: 비활성화, 1: 항상 홈 귀환(RTL), 2: WP 중 AUTO 모드, 3: 작동 위치에서 착지(LAND).


· FS_THR_VALUE

스로틀 페일세이프가 작동할 스로틀 입력 채널의 PWM 수준값.

설정값은 '초기설정≫안전장치'의 '무선신호를 기준으로 한 FS' 참고.


· GPS_TYPE

기체에 사용 중인 GPS 형식의 선택.

0: 사용하지 않음, 1: AUTO, 2: Ublox, 3: MTK, 4: MTK19, 5: NMEA, 6: SiRF, 7: HIL, 이상 18까지 미션플래너 참고.


· INS_ACCOFFS_X/_Y/_Z

가속도 보정 및 레벨보정을 통해 각각의 X, Y, Z 축의 오프셋값을 자동설정 한다.


· INS_ACCSCAL_X/_Y/_Z

각각의 X, Y, Z축의 가속도계 스케일링이 가속도 보정 작업 중에 자동설정 된다.


· INS_GYROFFS_X/_Y/_Z

각각의 X, Y, Z축의 자이로 센서 오프셋이 자이로 보정 중 자동설정 된다.


· LAND_SPEED

콥터의 착지 시 하강속도(cm/s).

RTL 모드의 하강속도는 'WPNAV_SPEEDDN'으로 설정.


· LOG_BITMASK

데이터플래시 로그의 형성 항목을 설정한다. 모든 항목을 선택하는 것이 유리하며 별도 항목을 선택하려면 '구성/튜닝≫표준매개변수'의 'LOG_BITMASK'에서 체크하면 선택한 항목에 해당하는 숫자가 전체매개변수에 자동 표기된다.


· LOITER_RAT_P/_I/_D

튜닝확장의 Rate Loiter 항목의 P, I, D 값을 정한다. 이 항목은 GPS를 사용하는 모드에서 사용되며 기본값을 변경하여 사용할 필요가 거의 없다. 기본값의 변경이 필요한 경우 P:I=2:1의 비율을 지키는 것이 좋다.


· MNT_XXX

MNT가 들어 있는 항목은 콥터에 별도로 부착한 카메라와 촬영 각도 등을 조절하는 짐벌에 관한 항목이다. FPV 형식의 카메라는 여러 마운트 항목이 필요하지 않다.


· MOT_SPIN_ARMED

콥터가 이륙 준비가 완료된 경우 모터 회전이 이루어지는 최솟값을 정한다. 설정값의 크기는 '옵션 하드웨어≫모터시험'을 참고하여 정할 수 있다.


· MOT_SPIN_MIN

콥터가 멈추지 않고 회전을 유지할 수 있는 최솟값. 설정값의 크기는 '옵션 하드웨어≫모터시험'을 참고하여 정할 수 있다.

· MOT_THST_HOVER(Copter 3.2.1는 THR_MID로 표시.)

콥터의 호버링이 필요한 비행모드에서 안정적 고도를 유지할 수 있는 모터의 추진력을 정한다. 이 값은 0.2~0.8(Copter 3.2.1의 THR_MID는 PWM 값으로 표시함.) 사이를 유지해야 한다. (데이터 플래시 로그에서 찾은 평균값을 사용하는 것이 가장 좋은 방법이다. 표준매개변수의 호버링 PWM 값 찾기를 참고.)

· MOT_HOVER_LEARN

호버링을 위한 스로틀값의 자동 학습 기능이다. (Copter 3.2.1은 학습기능의 매개변수가 없음.)
0: 사용 안 함, 1: 자동 학습, 2: 자동 학습 및 저장.

· MOT_TCRV_MAXPCT

모터의 출력 크기를 정할 수 있는 항목으로 최대 출력값을 조정한다. 범위: ~100

· MOT_TCRV_MIDPCT

모터의 출력 크기를 정할 수 있는 항목으로 중간 출력값을 조정한다.

· RATE_PIT_P/_I/_D

콥터의 안정적 비행에 필요한 피치의 수평 유지 정도를 결정한다.
'구성/튜닝≫기본 튜닝'의 Roll/Pitch Sensitivity와 연동되며 수동튜닝, 조종기 튜닝, 오토튜닝을 이용할 수 있다.

· RATE_RLL_P/_I/_D

콥터의 안정적 비행에 필요한 롤의 수평 유지 정도를 결정한다. '구성/튜닝≫기본 튜닝'의 Roll/Pitch Sensitivity와 연동되며 수동튜닝, 조종기 튜닝, 오토튜닝을 이용할 수 있다.

· RATE_YAW_P/_I/_D

콥터의 안정적 비행에 필요한 요의 수평 유지 정도를 결정한다.

'구성/튜닝≫기본 튜닝'의 Roll/Pitch Sensitivity와 연동되며 수동튜닝, 조종기 튜닝, 오토튜닝을 이용할 수 있다.

· RC_FEEL_RP

조종기의 감도를 조정할 수 있다. '구성/튜닝≫기본 튜닝'의 RC Feel Roll/Pitch와 연동된다.

· RC(1~11)_DZ/MAX/MIN/REV/TRIM

조종기에 의해 조작되는 모든 채널들의 PWM 값을 결정한다. RC 보정으로 기본 CH은 자동 확정된다. 임의적인 조정이 거의 필요하지 않으나 필요에 따라 DZ(데드존) 값과 REV(역방향 선택)을 여기에서 정하기도 한다.

· RNGFND_TYPE

별도 연결한 거리 측정기(Rangefinder)의 유형.
0: 없음, 1: Analog, 30: HC-SR04.

· RNGFND_PIN

거리 측정기가 사용할 아날로그 또는 PWM 핀.

· RNGFND_SCALING

측정기 판독값과 실제 거리 사이의 배율인수[m/V].

· RNGFND_STOP_PIN

측정기의 계측 실행(활성화) 또는 미실행(비활성)을 선택.
0: 비활성화, 1: 활성화.

· RNGFND_OFFSET

거리 측정 오프셋값[cm/V].

· RNGFND_MIN_CM

거리 측정기가 안정적으로 읽을 수 있는 최소 거리(cm).


· RNGFND_MAX_CM

거리 측정기가 안정적으로 읽을 수 있는 최대 거리(cm).


· RTL_ALT

RTL 모드로 홈으로의 귀환 시 고도 설정. '구성/튜닝≫가상 울타리'의 RTL 고도와 연동한다.


· RTL_ALT_FINAL

RTL 모드로 홈 귀환의 착지 상태를 결정.

0: 바닥에 착지. ~1000[cm]의 값 입력 높이에서 호버링 유지.


· RTL_LOIT_TIME

RTL 모드로 홈 귀환 시 콥터가 착지로 전환하기 전 상공에서 잠시 대기하는 시간을 설정.


· STB_PIT/_RLL/_YAW_P

콥터의 수평 안정화를 결정하는 피치, 롤, 요의 P 값으로 '구성/튜닝≫튜닝확장'에서 각각의 Roll 안정화, Pitch 안정화, Yaw 안정화에 해당하는 설정값으로 '구성/튜닝≫튜닝확장' 참고.


· SUPER_SIMPLE

비행 초보자 또는 먼 거리 비행 시 콥터의 헤드 부분의 위치에 관계없이 조종자의 위치를 기준으로 조종기 스틱을 조작해 콥터를 통제할 수 있는 매우 간단한 비행모드의 선택. 선택 방법은 '초기 설정≫비행모드'의 비행모드 설정방법 참고.


· THR_ACCEL_P/_I/_D

콥터의 상승 민감도를 결정하는 값으로 '구성/튜닝≫기본 튜닝'의 Climb Sensitivity와 연동된다.

드론 제작 실전

설정값은 기본 튜닝 참고.

· THR_ALT_P

호버링 고도를 유지하기 위한 P 값이다. '구성/튜닝≫튜닝확장' 참고.

· THR_DZ

호버링을 위한 불감지역의 크기(PWM)를 정한다. 표준매개변수의 Throttle Deadzone(THR_DZ) 참고.

· THR_MID

호버링이 유지되는 평균값을 정한다. 표준매개변수의 호버링 PWM 값 구하기 참고.

· THR_RATE_P

스로틀 속도에 관한 것으로 '구성/튜닝≫튜닝확장'의 조절판 속도(Throttle Rate)와 연동한다. 기본값을 사용한다.

· WP_YAW_BEHAVIOR

WP 진행 또는 RTL 진행 도중 APM F.C.가 Yaw를 제어할 방식.

0: 제어하지 않음, 1: 다음 경유지를 향함, 2: RTL로 정해진 위치, 3: GPS 경로를 따름.

· WPNAV_ACCEL

WP 임무 중 사용되는 콥터의 수평 가속도(cm/s/s).

· WPNAV_ACCEL_Z

WP 임무 중 사용되는 콥터의 수직 가속도(cm/s/s).

· WPNAV_RADIUS

WP 임무로 콥터가 경유지로 들어갈 때 각 경유지의 반경 안에 있으면 Waypoint가 성공한 것으로 볼 수 있는 영역의 크기. 범위: 5~1000(cm)


· WPNAV_LOIT_JERK

콥터의 수평 비행 중 조종기의 스틱을 놓았을 때 콥터의 마지막 명령 위치에서 관성적으로 밀려나는 정도의 크기.


· WPNAV_SPEED

WP 임무 중 콥터의 이동 속도(cm/s). RTL 모드에서도 같이 적용된다.


· WPNAV_SPEED_DN

WP 임무 중 콥터가 하강하는 동안 유지하려는 속도(cm/s). RTL 모드에서도 같이 적용된다. 범위: 10~500(cm/s)


· WPNAV_SPEED_UP

WP 임무 중 콥터가 상승하는 동안 유지하려는 속도(cm/s). RTL 모드에서도 같이 적용된다. 범위: 10~1000(cm/s)


이상의 매개변수들은 콥터의 제작에 필요한 것들 위주로 선택하여 설명하였다. 매개변수 항목의 종류는 콥터의 버전과 사용하는 F.C.에 따라 표현방법이 조금씩 다를 수 있고 변수의 항목 또한 포함 내용이 다를 수 있다.


앞에서 미션플래너를 설명할 때 오픈소스로 계속 진화 과정을 거치고 있음을 소개했었다. 계속 진화하며 표현의 변경, 삭제, 새로운 등장 등 유기적 활동이 이루어지고 있다. 매개변수들도 같은 선상에 있음을 이해하기를 바란다.

## 2) 전체매개변수 트리(Full Parameter Tree)

전체매개변수 항목들과 동일한 매개변수의 항목들이지만 전체매개변수 트리에서는 큰 제목의 항목을 나무의 기둥으로 하고 그 항목이 포함된 모든 매개변수들을 가지로 하는 정렬 방식으로 나열, 연관된 매개변수들을 모두 함께 확인할 수 있다는 장점이 있다.

위의 사진과 같이 AHRS의 내용이 포함된 모든 매개변수들을 확인할 수 있다.
우측의 매개변수 쓰기, 탐색 기능과 상단의 단위, 범위 등 모두 전체매개변수와 동일하다.

## 3) Planner

Planner의 활용방법에 관한 것은 앞서 미션플래너 다운로드와 콥터 펌 업 과정 그리고 언어와 고급매개변수 선택하기 등에서 설명했었다. 앞의 설명을 참고하기 바란다.

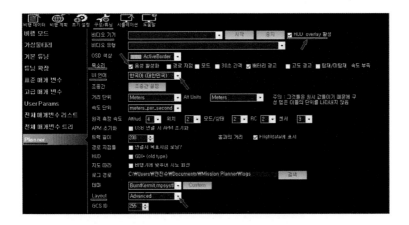

# 12

## 미션플래너 두 번째 화면
## – 비행 계획(FLIGHT PLAN)

비행 계획은 자동임무에 관한 것으로 조종기로 콥터를 직접 움직이는 것이 아니라 미션플래너에서 비행항로 및 비행 중 업무 미션을 계획하고 파일처리 등의 과정을 거친 후 콥터에 로딩, 입력된 임무를 자동으로 수행하도록 하는 과정이다.

비행 계획은 조종사가 직접 업무를 수행하기에 복잡하고 세밀한 작업이나 눈으로 확인이 어려운 비행 미션을 해결하는 데 도움이 된다.

비행 계획의 화면은 아래와 같이 인공위성에서 제공하는 지도를 배경으로 구성되어 있다. (사진 하단 설명 참고.)

- 눈물방울처럼 생긴 웨이포인트(WayPoint - WP)를 지도의 필요 위치에 생성(마우스 왼쪽을 원하는 위치에 놓고 클릭하면 생성됨.)하여 비행항로를 지정한다.
- 지도상에 WP가 생성되면 하단의 자동임무 기록지에 해당 임무 칸이 자동 생성된다.
- 새로운 WP를 만들 때마다 좌측 상단의 WP 거리 및 위치 확인이 자동 계산된다.
- 처음 자동임무계획을 세울 때 시작할 홈 위치의 WP를 먼저 마우스로 클릭하고 화면의 오른쪽 홈 위치 정보와 일치시킨다.
- 각각의 자동임무는 파일관리를 통해 저장, 실행, 불러오기 등을 할 수 있다.

드론 제작 실전

### 1) 고도(Altitude)의 이해

자동임무는 조종사가 콥터를 직접 조종하는 것이 아니기 때문에 임무를 완수하는 동안 항로를 움직이는 고도가 매우 중요하다. 고도 설정값을 장해물로부터 벗어날 수 있는 충분한 높이로 입력하지 않으면 충돌이 발생할 수 있다.

고도는 어느 위치를 기준하는가에 따라 정의가 다르다.

고도에 대한 충분한 이해가 있어야 자동임무에 관한 비행 계획을 세울 수 있다.

미션플래너에서 사용하는 고도의 설명은 다음과 같다.

① 기본고도(Default Alt): 홈 지점에 있는 WP의 지면을 기준으로 한 고도를 말한다. 아래 사진과 같이 기본고도값을 20(m)로 설정하면 기타의 고도 역시 기본고도 20(m)를 기준으로 하여 각각의 고도 개념에 따라 적용된다.

② 상대고도(Relative Alt): 홈 위치의 기준고도를 상대로 한 다른 WP 지점의 상대고도가 표시된다. 아래 사진과 같이 기본고도값을 20(m)로 설정한 경우 기본고도값에 따라 낮은 지역(1), 높은 지역(2)에 관계없이 홈 지면으로부터 20(m) 상공의 높이로 비행한다는 의미이다. 그러나 상대고도는 '높이 검증'이 적용되면 기본고도 20(m)를 유지한 각각의 WP 지점의 지형을 적용한 상대고도가 적용된다.

③ 높이 검증(Verify Height): Verify Height는 고도라는 뜻은 아니지만 '옳은 높이를 확인한다.'는 의미로 구글 지도에서 제공하는 지형고도가 적용된다.

Relative Alt에서 높은 지역(2)의 높이가 산악 지역으로 갑작스럽게 높은 약 50(m)에 있다고 가정한다면 Default Alt 20(m)에 의한 Relative Alt 20(m)를 유지한 비행은 높은 지역(2)의 고도와 충돌할 것이다. 이러한 상황을 방지하기 위해 Verify Height를 체크해 놓으면 지형고도의 높이를 적용한 상대고도가 적용되어 50(m) 이상으로 비행하여 WP2와 충돌하지 않게 된다.

Verify Height를 체크해 놓으면 기본고도값을 유지하며 낮은 지형의 WP에서는 콥터가 홈 고도를 기준으로 한 높이보다 낮게 비행하고 높은 WP에서는 콥터가 홈 고도를 기준으로 한 높이보다 높게 비행하여 충돌을 방지하게 된다.

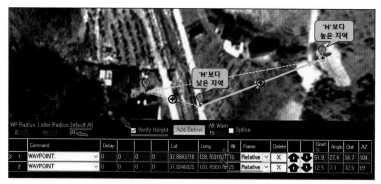

위 사진은 Verify Height를 체크했을 때 ② Relative Alt 사진의 내용과 비교할 수 있게 한 것으로 낮은 지역의 WP1의 상대고도는 16m, 높은 지역 WP2의 상대고도는 25m로 홈 고도보다 각각 4m가 낮고 5m가 높다는 것을 알 수 있다.
이처럼 Verify Height는 Default에서 설정한 홈 위치의 지면으로부터 20m 높이를 유지하기 위해 지형 높이가 자동으로 계산된 각각의 16m, 25m로 상대고도가 적용 표시된 것으로 콥터는 이 높이로 자동 비행한다.

④ 절대고도(Absolute Altitude): 절대고도는 콥터가 현재 비행하는 위치에서 수직으로 바닥까지의 높이를 말한다. 바닥이 해수면이든 산이든 관계없이 비행 중 실제 고도이다.

⑤ 지형고도(Terrain Altitude): 지형고도는 콥터가 비행하는 특정 지역의 바닥면으로부터 일정

높이를 정한 값으로 지형의 높낮이에 맞추어 고도가 유지된다. 지형고도는 평균 해수면을 기준으로 한다.

⑥ 기타 고도와 관련한 용어

a) ASL(Above Sea Level) - 평균 해수면을 기준으로 한 높이.

b) AGL(Above Ground Level) - 지면을 기준으로 한 높이.

c) MSL(Mean Sea Level) - 평균 해수면.

이상과 같이 WP 기록창의 고도에 대해 설명했다. 추가로 기록창의 고도 경고(Alt Warn), 곡선(Spline), 지점 반경(WP Radius)의 활용 방법에 대하여 설명한다.

- 고도 경고(Alt Warn): 여기에서 설정한 값의 고도에 콥터가 도달하면 미션플래너의 HUD 창에 경고 메시지가 표시된다. 기본고도보다 조금 낮게 설정한다.

- 곡선(Spline): 곡선의 임무가 필요한 경우 Spline을 체크하면 WP 사이가 곡선으로 표시되며 콥터가 자동임무 시 곡선을 따라 비행한다.

- 지점 반경(WP Radius): WP 반경의 의미로 자동임무를 실행할 때 여기에서 정해 준 값의 반경 안에 콥터가 들어가면 WP가 성공한 것으로 기록된다. WP의 여유 공간을 확보하고자 한 원의 반지름을 말한다.

## 2) WP의 거리확인

자동임무를 실행할 수 있는 거리는 콥터의 배터리 용량과 관련된다. 한정된 배터리 용량으로 비행이 가능한 거리가 비행 계획 화면의 좌측 상단에 표시된다. 활용 방법은 다음과 같다.

① 거리(Distant): 0000km.

홈(H) 위치를 기준으로 각 WP(1~ )를 경유하고 다시 홈(H) 위치로 돌아오는, 콥터가 비행하는 총거리(Distant)로 새로운 WP가 생성될 때마다 거리가 자동 합산된다.


② 이전(Prev): 0000m.

'Prev'는 'Previous(바로 전)'을 줄인 것으로 WP를 새롭게 생성할 때마다 바로 전과 새롭게 생성한 WP 사이의 거리를 미터 단위로 표시한다.


③ 방위각(AZ): 000.

'AZ'은 'Azimuth(방위각)'을 줄인 것으로 지도의 정북(0)을 기준으로 방위값[정동(90), 정남(180), 정서(270) 등]을 나타내어 WP가 위치하는 방향을 알 수 있게 한 것이다.


④ 원점(Home): 0000m.

각각의 새로운 WP를 생성할 때마다 WP에서 홈까지의 거리를 미터 단위로 표시한다.

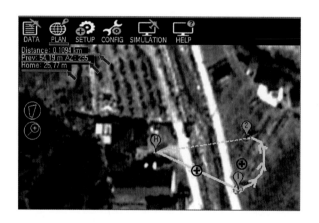


### 3) WP의 원점 위치 설정

자동임무를 계획하고 실행할 원점 위치의 설정 및 위치 정보에 관한 설명은 다음과 같다.


처음 미션플래너를 가동하고 비행 계획 화면으로 들어가면 홈의 위치가 아주 먼 나라 모르는 곳에 위치해 있으며 홈 위치의 위도(Lat)와, 경도(Long)가 대한민국의 위도와 경도값(위도: 약 34~38, 경도: 약 125~130)과 전혀 무관한 값으로 되어 있을 것이다.

자동임무를 계획하려면 홈 위치를 대한민국의 필요 장소로 옮겨 와야 한다.

홈 위치를 옮기는 3가지 방법을 설명한다.

· 첫째: 휴대폰의 구글 지도에 들어가 설정 하려는 홈 위치를 손가락으로 누르고 있으면 화면 상단에 위도와 경도 값이 나타난다. 이 값을 기억해 두고 처음 홈 위치의 WP를 마우스의 왼쪽으로 클릭한 후 위 사진의 우측 하단 위도나 경도를 클릭하면 커서가 깜박인다. 처음 값을 지우고 설정 하려는 새로운 홈 위치의 위도와 경도값을 입력하면 새로운 홈 위치로 옮겨진다.

· 둘째: 미션플래너의 비행 계획 화면에는 직접 보이지 않는 여러 형태의 자동임무 설정 기능이 있다. 뒤에서 비행 계획에 사용할 여러 기능들을 충분히 설명하겠지만 간편한 원점 위치 설정을 위하여 간단히 소개한다.

지도 화면에 마우스 오른쪽을 클릭하고 나타난 창에서 '이곳을 원점으로 설정(Set Home here)'을 클릭하면 마우스로 찍어 놓은 곳이 홈 위치로 바뀐다.

· 셋째: 먼 곳에 있는 홈을 원하는 위치로 드래그하여 옮겨 설정할 수 있다. 그러나 이 방법은 대한민국의 위도와 경도값(위도: 약 34~38, 경도: 약 125~130)과 전혀 무관한 값 또는 비행 데이터 화면의 HUD 창 하단 비행정보

의 'Dist to MAV'의 값이 매우 큰 값으로 표기되는 홈 위치 오류가 발생하는 경우가 종종 있다.

이때, 위 사진의 '원점 위치(Home Location)'에 마우스를 놓고 클릭하면 오른쪽과 같은 값으로 변경된 것을 확인할 수 있게 된다. MAVLink와 연결된 정상적인 홈의 위치는 '0'이거나 근사적이어야 한다.

### 4) 자동임무 계획과 파일 관리

원점 위치가 정해지면 미션을 실행할 여러 WP의 생성 및 명령 등을 설정하여 비행 계획 화면에서 일차적으로 완성한 자동임무를 바로 콥터에 로딩하여 비행을 실행하거나 지금은 아니지만 추후에 사용할 계획으로 파일을 저장해 놓았다가 필요시 꺼내어 활용하는 파일 관리가 요구된다.

자동임무를 위해 '미션플래너≫비행 계획'에서 자동비행코스와 임무 등을 정한 후 화면상의 내용을 파일로 처리하려면 콥터와 USB로 연결 및 접속하고 실행해야 한다.

자동임무를 계획하고 파일을 저장하는 과정은 다음과 같다.

① 미션을 수행할 홈의 위치를 정한다. (앞에서 설명한 '원점 위치 설정'을 참고.)

② 홈에서 이륙(Takeoff)하는 미션을 설정한다. (사진 내용 참고.)

홈에서 이륙하면 주변의 장해물로부터 최소한의 안전을 확보하기가 쉽다.
홈 포인트 위에 마우스의 오른쪽을 클릭하면 여러 명령 선택 창이 나타난다.
그중 이륙을 선택하고 미리 주변 시설물의 고도를 고려해서 정한 기준고도를 참고하여 안전한 유사고도로 이륙고도를 정한다.

드론 제작 실전

위 내용의 결과로 아래의 사진과 같이 홈 위치에서 이륙을 확정한 내용이 'WP기록지 1'로 표시되었다.

③ 홈을 출발한 첫 번째 목적지(WP)의 설정은 지도 화면에서 원하는 경유지에 마우스의 화살표를 고정하고 왼쪽을 클릭하면 자연 생성되며 동시에 기록지에 위치 정보가 표시된다.

클릭을 해도 새로운 WP가 생성되지 않으면 마우스 포인트를 전 포인트 위치에 놓았다가
원하는 WP로 옮겨 클릭하면 해결된다.(위치 확인이 안 된 경우 발생함.)

④ 같은 방법으로 WP3를 원하는 위치에 설정하고 WP 기록지에 표시된 정보를 아래 사진과 같이 확인한다.

WP 기록지에 Delete의 X 표시를 클릭하면 잘못 설정한 WP가 삭제된다.
각 WP의 상, 하 화살표를 클릭하면 WP 순서가 바뀐다.

WP3에는 새로운 포인트를 설정하여 콥터가 항로를 따라 움직이는 탐색명령(Navigation Commands - 콥터의 거리 발생 움직임을 제어하는 명령)이 아닌 탐색명령 중 색다른 명령을 부여해 본다.

WP 기록지의 WP3 창의 아래 화살 표시를 클릭하면 3분류의 WP 명령들이 오른쪽 사진과 같이 나열된다. 설명은 다음과 같다.

- 탐색명령(Navigation Commands)

WP로 이동, 고도 변경, 이륙, 착륙 등의 거리 움직임이 발생하게 하는 명령체계.

- DO 명령(DO Commands)

거리 움직임이 발생하지 않고, 콥터 시스템에만 영향을 주는 카메라 각도 변화, 낙하물 투하, 필요 서보 작동 등의 명령체계.

- 조건명령(Condition Commands)

조건명령은 DO 명령의 행위를 제한하는 명령체계로 DO 명령에 대한 거리제한, 시간제한, 방향제한 등을 제어하는 명령늘이다.

WP 기록지의 WP 임무 중 거리 움직임이 발생하는 탐색명령은 하나만 사용할 수 있으며 이 탐색명령에 따른 DO 명령과 조건명령도 각각 한 종류씩 사용할 수 있다.

⑤ '④'에서 생성한 WP3 항목의 오른쪽 아래 화살표를 클릭하면 앞서 설명한 3분류의 명령체계 창이 표시되고 그중 콥터가 WP3 지점에서 원을 그리며 회전하는 DO 명령인 'LOITER_TURNS'을 선택(설명을 위한 것으로 필요한 DO 명령을 선택하면 된다.)한다.

아래 사진과 같이 '3. WAYPOINT' 문자가 '3. LOITER_TURNS'으로 바뀐 것을 확인할 수 있다. 이것은 거리 움직임이 발생하는 탐색 명령이 한 줄에 2개가 존재할 수 없기 때문이다. 그 줄의 가장 오른쪽 거리(Dist) 항목의 숫자가 변하지 않고 있는 것은 WP3 안에서 이루어지는 콥터의 반경회전(LOITER_TURNS) 명령임을 알 수 있다.

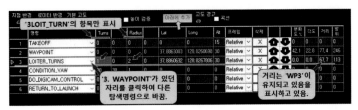

각 WP 명령줄 내용이 바뀌면 그 줄의 명령 내용에 관련한 옵션 항목들이 있는 윗줄의 내용도 바뀐다.
위 사진의 'Turns⇒1'은 콥터를 한 바퀴 회전하라는 것이고 'Radius⇒2'는 회전 반경의 반지름 2m를 지정한 것이다.
해당 칸을 클릭하여 변경할 수 있다.

⑥ '⑤'에 설정한 탐색명령과 관련한 'CONDITION_YAW'의 조건명령을 선택하려는데 명령줄에 새로운 칸이 없다. 이것은 거리의 움직임이 발생하는 탐색명령이 있을 때만 자동 생성되기 때문이다. 새로운 명령줄 중 거리의 움직임이 없는 명령줄 생성은 WP 기록지 정중앙 상단에 필요시 나타난다. 이것을 클릭하면 새로운 명령줄이 나타난다.

새로운 명령줄을 생성하고 '4. CONDITION_YAW'를 선택한다.

'Deg⇒90'은 콥터가 회전하며 전면 카메라가 향하게 할 방위각을 정동 방향으로 향하도록 한 값이고
'Sec⇒30'은 30초 동안 지속적으로, 'Dir 1=CW⇒1'은 전면을 시계 방향으로 회전하라는 의미이다.

조건명령은 거리 발생이 없는 명령이므로 0으로 표기되었다.

⑦ WP 기록지 중앙 상단의 '아래에 추가' 버튼을 클릭하고 WP3에서 이루어지는 DO 명령 중

'DO_DIGICAM_CONTROL'을 선택한다. 이 명령은 콥터 전면에 디지털 카메라를 부착한 가상의
경우로 F.C.와 디지털 카메라가 트리거될 수 있는 상태를 가정한 것이다.

| | 명령 | On/Off | Zoom Positio | Zoom Step | Focus Lock | Shutter Cmd | | CommandID | | 프레임 | 삭제 | | | 변환도% | 각도 | 거리 | 방위 |
|---|---|---|---|---|---|---|---|---|---|---|---|---|---|---|---|---|---|
| 1 | TAKEOFF | 0 | 0 | 0 | 0 | 0 | | | 15 | Relative | X | | | 0 | 0 | 0 | 0 |
| 2 | WAYPOINT | 0 | 0 | 0 | 0 | 37.8863003 | 128.8260698 | 30 | | Relative | X | | | 42.1 | 22.8 | 77.4 | 246 |
| 3 | LOITER_TURNS | 0 | 2 | 0 | 0 | 37.8860632 | 128.8267806 | 30 | | Relative | X | | | 0.0 | 0.0 | 57.7 | 113 |
| 4 | CONDITION_YAW | 90 | 30 | 1 | 0 | 0 | | | 0 | Relative | X | | | 0 | 0 | 0 | 0 |
| ▷ 5 | DO_DIGICAM_CONTROL | 1 | 0 | 0 | 0 | 10 | | | 0 | Relative | X | | | 0 | 0 | 0 | 0 |
| 6 | RETURN_TO_LAUNCH | 0 | 0 | 0 | 0 | 0 | | | 0 | Relative | X | | | 0 | 0 | 0 | 0 |

위의 사진은 '5. DO_DIGITAL_CAM'을 선택한 것으로 10초 동안 카메라 셔터를 켜도록 명령했다.

⑧ 특정 임무는 사실상 WP3에서 이루어지고 있다. 이제 마지막으로 홈 위치로 귀환 명령을 내리
기 위해서 지도상의 WP3에 마우스의 오른쪽을 클릭하고 표시된 명령 선택 창에서 RTL을 선택하
거나 WP 기록지 중앙 상단의 아래의 추가를 클릭하고 생성된 새로운 줄의 아래 화살표를 클릭하
여 표시된 명령 선택 창에서 RTL을 선택한다.

| | 명령 | Turns | | Radius | Lat | Long | 세 | 프레임 | 삭제 | | | 변환도% | 각도 | 거리 | 방위 |
|---|---|---|---|---|---|---|---|---|---|---|---|---|---|---|---|
| 1 | TAKEOFF | 0 | 0 | 0 | 0 | 0 | 15 | Relative | X | | | 0 | 0 | 0 | 0 |
| 2 | WAYPOINT | 0 | 0 | 0 | 37.8863003 | 128.8260698 | 30 | Relative | X | | | 42.1 | 22.8 | 77.4 | 246 |
| 3 | LOITER_TURNS | 1 | 0 | 2 | 37.8860632 | 128.8267806 | 30 | Relative | X | | | 0.0 | 0.0 | 57.7 | 113 |
| 4 | CONDITION_YAW | 90 | 30 | 1 | 0 | 0 | 0 | Relative | X | | | 0 | 0 | 0 | 0 |
| 5 | DO_DIGICAM_CONTROL | 1 | 0 | 0 | 0 | 0 | 0 | Relative | X | | | 0 | 0 | 0 | 0 |
| 6 | RETURN_TO_LAUNCH | 0 | 0 | 0 | 0 | 0 | 0 | Relative | X | | | 0 | 0 | 0 | 0 |

'6. RETURN_TO_LAUNCH'의 귀환 명령이 거리의 움직임이 있는 탐색명령임에도 거리가 0으로 표시된 것은
거리 발생이 없어서가 아니라 홈 위치를 신규 WP로 생성할 필요가 없어서이다.
마지막 WP에서 홈 위치까지는 자동으로 지도 화면 좌측 상단 'WP의 거리확인'에서의 'Distant(거리):거리 총합'에서 합산된다.

⑨ 이상과 같이 완성한 자동임무계획(Auto Mission Plan)을 파일로 저장해 놓는다. 바로 콥터에
로딩(⑫ 과정 이하.)하는 것도 가능하지만 파일로 저장하면 임무가 손상될 염려가 없으며 필요시
파일을 열어 콥터에 로딩하고 실행하거나 수정 후 실행할 수 있다.

드론 제작 실전

사진과 같이 오른쪽 'Save File(파일 저장)'을 클릭한다.

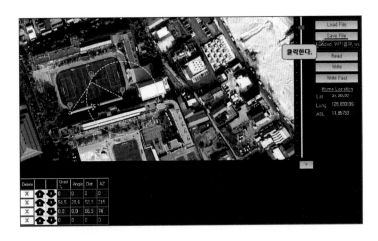

⑩ 다음의 사진과 같이 '미션플래너≫logs≫QUADROTOR≫1'의 'WP.TX'에 자동임무계획을 저장할 수 있게 한다.

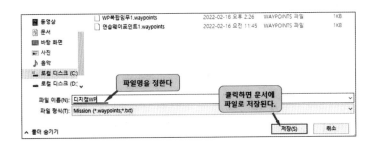

⑪ 저장된 파일을 불러오려면 '미션플래너≫비행 계획' 화면의 오른쪽 '파일 불러오기(Load File)'를 선택하면 '미션플래너≫logs≫QUADROTOR≫1.'의 'WP.TX'에 저장해 놓은 파일 종류가 표시되고 파일 중 자동임무를 실행할 파일을 아래 사진과 같이 선택하여 '열기'를 클릭하면 지도 화면의 임무가 로드된다.

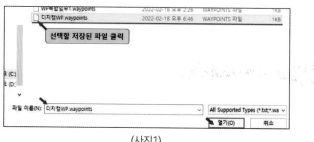

(사진1)

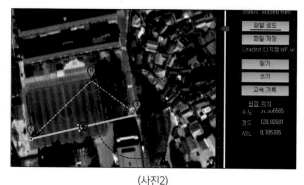

(사진2)

(사진1)의 결과로 (사진2)와 같이 선택한 임무가 비행 계획 화면에 나타난다.

⑫ 선택된 자동임무가 실행될 수 있으려면 콥터에 임무를 인식시키는 과정과 함께 자동임무 실행을 위한 실제적 홈 위치가 정확하게 정해져야 한다. 과정은 다음과 같다.

a) 비행 계획 화면의 오른쪽 '읽기(Read)'를 클릭하면 사진과 같이 자동임무의 실제 비행에 기준이 되는 홈 위치 설정을 묻는 메시지창이 나타난다.

b) 이 질문에 대한 답으로 'YES'를 클릭하면 콥터의 GPS를 기준으로 한(콥터와 미션플래너가 접속된 경우.) 현재 위치로 홈만 옮겨 표시된다. 나머지 WP들도 위치에 맞게 옮겨 조종할 필요가 있으면 마우스 왼쪽으로 각각의 WP들을 클릭하고 원하는 위치로 드래그하여 옮기는 작업을 한다.

드론 제작 실전

c) 이 질문에 대한 답으로 'NO'를 클릭하면 처음 설정되었던 홈 위치가 그대로 유지된 채 자동임무 화면이 나타난다. 이 화면에서도 위치 수정이 필요하면 b)와 같이 수정이 가능하다.

위와 같이 '읽기(Read)'의 과정이 완료된다.

⑬ 다음은 '쓰기(Write)'를 클릭하여 확정한 자동업무를 콥터가 실행할 수 있게 해야 한다. 정상적으로 이 과정이 완료되면 '쓰기'를 클릭한다. 그러면 자동임무에서 사용하는 WP의 위치와 개수를 콥터에 저장하는 업로드 메시지 화면을 오른쪽 사진과 같이 확인할 수 있다.

⑭ 마지막으로 '빠른 쓰기(Write Fast)'를 클릭하면 다시 확인하고 확정된다.

이 모든 과정은 자동임무계획에 따른 WP 설정방법 및 콥터에 임무를 로딩하여 실행하는 과정까지를 실제 작업순서를 기준으로 설명한 것이다.

## 5) 자동임무 설정을 위한 도구

자동임무를 계획하고 구성하려면 '비행 계획' 화면 설정 도구 활용의 충분한 이해가 필요하다. 자동임무 구성을 위한 설정 도구는 두 종류로 구분된다.

· 첫째는 각각의 Waypoint를 마우스의 좌클릭으로 설정한 후 하단의 WP 기록지에서 해당 WP의 아래 화살표를 클릭하여 표시된 명령 창에서 필요 도구를 선택하고 임무를 구성하는 방법.

· 둘째는 지도 화면에 마우스의 우클릭의 결과로 바로 표시된 명령 창에서 필요 도구를 선택하여 임무를 구성하는 방법.

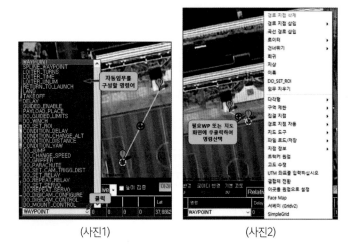

| (사진1) | (사진2) |

이 두 종류는 유사하거나 또는 동일 명령어를 사용하는 경우와 다른 명령어를 사용하는 경우로 구성되어 있다.

이 두 종류의 자동임무 설정을 위한 도구 설명은 다음과 같다.

사진(1)의 명령어를 기준으로 설명하며 같은 종류의 명령인 사진(2) 명령을 함께 첨언한다.

또한 명령의 3가지 분류 중 탐색명령, DO 명령, 조건명령, 기타의 순으로 정리한다.

**탐색명령**

① WAYPOINT: 자동임무 비행 경유지 포인트를 생성한다. 마우스 왼쪽으로 원하는 경유지를 클릭하면 그 위치의 위도, 경도, 및 기준고도가 자동 생성된다.

사진(2)의 '경로지점삽입(Insert WP)' 역시 유사 기능으로 경유지로 생성할 위치에 경로지점 삽입을 목적으로 마우스의 오른쪽을 클릭한 후 '현재 위치에(At Current Position)'를 클릭하고 WP 기록지에 위도와 경도를 기입하여 사용한다.

② SPLINE_WAYPOINT: WP는 직선으로 항로가 자동설정 되는 반면 'SPLINE WP'는 곡선으로 항로가 생성된다. 곡선항로를 생성하고자 하는 시작 위치의 WP와 다음 WP의 선택 창에서 'SPLINE_WAYPOINT'를 클릭하면 곡선항로가 자동생성 된다.

사진(2)의 '곡선경로삽입(Insert Spline WP)'도 같은 기능으로 곡선항로를 원하는 포인트에 마우스 오른쪽을 클릭하면 곡선경로가 시작될 'WP#(WP 번호)'를 묻는 대화창(대부분 이미 표시된 숫자를 그대로 사용함. 홈 지점 0~)이 나온다. 여기에 값을 입력 후 클릭하면 곡선항로가 자동생성 된다. (사진 참고.)

③ LOITER_TURN: 지정한 WP를 중심점으로 하여 원을 그리며 비행한다. WP 기록지의 옵션항목에 'Turn: 회전 횟수, Dir1.=CW: 회전 방향을 결정, 1.=시계 방향, -1.=반시계 방향, Radius: 반지름 크기'를 입력하여 정도를 정한다. 콥터 버전에 따라 입력 옵션항목이 다를 수 있다.

사진(2)의 '로이터 ⇒ 원형(Circles)'과 기능이 같다.

④ LOITER_TIME: 콥터가 지정 WP에서 옵션항목에 입력한 시간(초) 동안 대기한다.

사진(2)의 '로이터 ⇒ 시간(Time)'과 기능이 같다.

⑤ LOITER_UNLIM: 콥터가 지정한 WP에서 무기한 대기한다.

사진(2)의 '로이터 ⇒ 무한(Forever)'과 기능이 같다.

⑥ RETURN_TO_LAUNCH: RTL 비행모드와 동일한 것으로 홈으로 지정된 위치로 돌아와 착륙한다.

사진(2)의 회귀(RTL) 기능과 같다.

⑦ LAND: 콥터가 지정한 WP에서 착지하게 한다.

사진(2)의 착륙(Land) 기능과 같다.

⑧ TAKEOFF: 자동 이륙 기능으로 홈에서 일정 고도로 이륙하도록 명령한다. 이륙고도 입력을 요구하는 메시지 창에 이륙고도를 설정한다.

사진(2)의 이륙(Takeoff) 기능과 같다.

⑨ DELAY: 지정한 WP에서 콥터가 대기상태로 들어가게 하는 기능이다. WP 기록지의 옵션항목 선택 중 Second(-1)에 콥터가 대기할 시간(초)을 입력하거나 -1을 선택하여 지정할 절대시간의 '몇 시(Hour UTC), 몇 분(Minute UTC), 몇 초(Second UTC)'를 지정할 수 있다.

⑩ PAYLOAD_PLACE
목적지의 지면에 탑재화물(Payload)을 내려놓게 하는 명령어다.
WP 기록지 옵션항목의 'MAX descend(내리는 최대 높이)'의 숫자 높이(m)만큼 하강하여 바닥이 닿으면 탑재화물을 놓고 닿지 않으면 다음 WP로 이동하게 된다. 또한 이 명령이 실행되려면 탑재물을 놓는 'DO_GRIPPER' 명령어를 실행할 서보도 필요하다.

## DO 명령

① DO_JUMP: 지정한 두 WP 사이를 WP 기록지 옵션항목의 'WP#: 점프할 WP 번호, Rep: 반복 횟수'로 왕복 비행한다.
오른쪽 사진에서 'WP#⇒1'은 WP3에서 WP1로 점프하라는 명령이고 'Repeat⇒2'는 2회 반복을 의미한다.

사진(2)의 건너뛰기(JUMP) 기능과 같다.

② DO_CHANG_SPEED: 콥터의 목표 수평속도를 WP 기록지 옵션항목의 'Speed m/s'에 입력한 속도로 변경하여 비행.

③ DO_GRIPPER: 서보로 작동하는 그리퍼(Gripper) 또는 EPM 그리퍼의 열거나 닫는 명령을 실행한다. WP 기록지 옵션항목의 'drop/grab' 값.

0=그리퍼 잠금, 1=그리퍼 엶.

콥터에서 적재화물을 지상에 내려놓을 때 사용할 수 있다.

④ DO_SET_CAM_TRIGGER_DIST: WP 기록지의 dist(m)에 입력한 거리 간격으로 카메라 셔터를 트리거하라는 명령으로 디지털 카메라에 트리거 장치가 부착된 경우에 작동한다. 카메라 작동을 멈추려면 멈추기를 원하는 WP 뒤에 'DO_SET_CAM_TRIGGER_DIST.' 명령을 선택하고 거리를 0으로 한다.

⑤ DO_SET_RELAY: 릴레이 핀의 전압을 높여 on 또는 낮게 하여 off로 작동하게 한다. WP 기록지의 Relay No.: 0=첫 번째, 1=두 번째 릴레이를 의미하며 off=0, on=1을 의미한다.

⑥ DO_REPEAT_RELAY: 릴레이 핀의 전압을 지정된 횟수만큼 반복하여 작동한다. WP 기록지의 Relay No.: 0=첫 번째, 1=두 번째 릴레이, Repeat의 숫자는 반복 횟수, Delay(s)는 각 작동 사이의 지연시간 간격을 결정한다.

⑦ DO_SET_SERVO: 특정 PWM 값으로 서보를 이동하여 작동하게 한다. WP 기록지의 ser No.는 서보가 연결된 출력 채널, PWM은 서보가 작동하도록 할 PWM을 입력한다.

⑧ DO_REPEAT_SERVO: 서보가 반복적으로 작동하도록 WP 기록지의 Ser No.: 0=첫 번째, 1=두 번째 서보, PWM은 서보가 작동되게 할 PWM 값, Repeat의 숫자는 반복 횟수, Delay(s)는 각 작동 사이의 지연 시간 간격을 결정한다.

⑨ DO_DIGICAM_CONTROL: 카메라 셔터를 한 번 트리거하게 한다.

⑩ DO_MOUNT_CONTROL: 카메라 짐벌의 피치, 롤, 요 각을 제어한다.

⑪ DO_SET_ROI: 콥터의 기수를 'DO_SET_ROI'로 지정한 빨간색 포인트로 향하여 비행하게 한다. 촬영이 필요한 목적물의 위치를 'DO_SET_ROI' 포인트로 정하고 주변의 WP를 비행하며 목적물을 지속적으로 주목(注目)하게 한다. 이 명령을 멈추게 히려면 'DO_SET_ROI'를 새로 생성하고 위도와 경도값을 0으로 입력하면 정지된다.

사진(2)의 'DO_SET_ROI' 기능과 같으며 사진(2)의 방법을 사용하려면 주목이 필요한 위치에 마우스 오른쪽을 클릭하고 명령 창의 'DO_SET_ROI'를 선택하여 빨간색 포인트가 생성되게 한다.

### 조건명령

① CONDITION_DELAY: DO 명령의 시간을 WP 기록지에서 지정한 Time(Sec) 동안 지연(Delay)하게 한다.

② CONDITION_DISTANCE: DO 명령의 지연을 거리(Distance)로 제한하는 명령어이다. WP 기록지의 Dist(m)에서 입력한 거리 내에 도달하면 DO 명령이 실행되게 한다.

③ CONDITION_YAW: 콥터의 기수를 WP 기록지의 옵션 입력값만큼 제어되게 한다. 'Deg:0=북, 90=동, 180=남, 270=서', 'Dir:1=CW, -1=CCW'로 제어된다.

이상과 같이 자동임무에 활용하는 명령에 관한 설명을 탐색명령, DO 명령, 조건명령의 순으로 정리했다. 설명에 빠진 명령 중 일부는 활용도가 없거나 사용할 수 없는 것도 있다. 예를 들면 'DO_PARACHUTE'는 낙하산 투하 명령어이고 'DO_WINCH'는 밑에 있는 물건을 위로 끌어 올리라는 명령어 이다. 이러한 명령어를 활용하기에는 아직 현실적이지 않다.

사진(2)의 명령 설정에서 편리한 기능 몇 가지를 아래와 같이 추가로 설명한다.

① 경로지점 삭제(Delete WP): 삭제하고 싶은 WP 위에서 마우스 오른쪽을 클릭하고 표시된 명령 창에서 경로지점 삭제를 클릭하면 선택했던 WP가 삭제된다. 이것은 WP 기록지에서 삭제하려는 WP의 옵션 항목 중 '삭제 X' 표시를 클릭하는 것과 같다.

② 임무 지우기(Clear Mission): 경로지점 삭제는 하나의 WP를 제거하지만 임무 지우기를 선택하면 홈 위치를 제외한 임무 전체가 지도 화면에서 삭제된다.

③ 다각형(Polygon): 다각형은 자동경로지점(Auto WP)과 함께 사용하여 일정 간격의 그리드를 따라 규칙적 임무를 수행하는 비행에 사용할 수 있다. (PX4D와 유사한 업무.)

자동 그리드를 생성하는 과정은 다음과 같다.

a) 지도 화면에 마우스 오른쪽을 클릭하고 표시된 명령 창에 '다각형≫다각형 그리기(Draw a Polygon)'를 선택한 후 지도 화면에서 원하는 포인트 자리에 마우스 왼쪽을 클릭하여 임무가 필요한 영역을 표시하면 빨간색 WP가 표시된다.

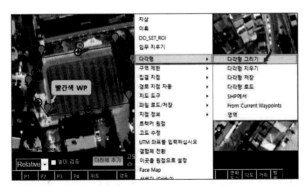

모든 빨간색 WP를 삭제하려면 '다각형 지우기(Clear a Polygon)'를 클릭하고
한 개의 WP만 삭제하려면 하나의 WP 위에 우클릭 후 WP 지우기를 선택한다.
'다각형 저장/로드'는 위에서 설명한 파일 저장과 파일 로드와 동일하다.

b) 영역 안에 오른쪽 마우스를 클릭하여 '자동경로지점(Auto WP)≫조사(격자)[Survey(Grid)]'를 클릭하면 다음의 사진과 같이 자동으로 기본 그리드와 임무가 표시된다. 이때, 원하는 작업을 위하여 다음과 같은 내용을 선택할 수 있다.


- 그리드 옵션

· 선간 거리[m]: 그리드 간격을 결정한다. 간격이 좁을수록 사진 장수가 많아지고 비행시간이 길어진다.

· 오버래핑(%)/사이드랩(%): 지속적으로 연결되는 사진과 사진 사이의 겹쳐지는 정도를 결정한다. 오버래핑의 정도가 대상 구현의 정확도로 연결된다.

· 그리드 교차/회랑/나선: 그리드 형태를 결정한다.


- 카메라 설정

· 사용할 카메라의 사양에 따라 픽셀과 센서 크기를 설정한다.

· 디지털 카메라 작동을 위한 트리거 장치의 명령을 수행할 신호체계를 선택한다.


- 단순

· 사용할 카메라 종류, 비행고도, 카메라 앵글 각도, 촬영 시 비행 속도 등을 결정한다.

· 화면: 지도 화면에 경로와 포인트 종류를 표시한다.

· 허용: 이 모든 선택을 확정하려면 '허용'을 클릭한다.

모든 선택 사항을 확정하고 '허용'을 클릭하면 아래 '상태'란에 자동임무가 진행될 모든 내용이 표시된다.

드론 제작 실전

④ 집결지점(Rally Point): '집결지점≫집결지점 설정(Set Rally Point)'은 자동임무수행 중 여러 불리한 상황으로 처음의 홈 지점까지 콥터가 돌아올 수 없는 경우 콥터가 안전하게 착지할 수 있는 제2의 장소(APM 기준 6곳까지 가능) 이상에 착륙지를 설정해 주는 옵션이다.

콥터의 비행 중 불리한 조건이 발생하여 조종기에서 RTL 모드로 전환한 경우 그 시점에서 가장 가까운 홈 또는 랠리 포인트로 귀환하게 한다.

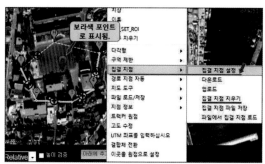

랠리 포인트를 만들어야 할 위치에 오른쪽 마우스를 클릭하고
위의 사진과 같이 '집결지점 설정'을 클릭하면 포인트의 고도 설정을 묻는 질문창이 나타난다.
주위 환경을 고려한 충분한 고도를 입력한 후 'OK'를 클릭하면 보라색 포인트가 생성된다.
모든 WP의 거리에서 공통적으로 근접한 위치를 포인트로 설정하는 것이 효과적일 것이다.

'집결지점지우기'를 선택하면 랠리 포인트가 삭제된다.

⑤ 자동 경로지점(Auto WP): 자동 경로지점은 규칙적 형태(원, 곡선, 일정 간격 항로 등.)의 자동 임무가 요구되는 경우 활용할 수 있는 옵션이다.

자동 경로지점을 설정하려는 위치의 WP 위에 오른쪽 마우스를 클릭하고 자동항목을 선택한다. 선택된 자동항목에 따른 반지름 설정, 생성할 WP의 개수, 회전 방향, 첫 WP의 기수방향 등을 입력하면 원하는 규칙적 형태의 자동 경로지점이 만들어진다.

앞서 '자동 경로지점≫조사(격자)'에서 조사(격자)는 설명했다.

생성하려는 위치의 WP 위에 오른쪽 마우스를 클릭한다.
자동경로지점의 종류 중 필요한 형태를 선택하고 조건을 구성하기 위한 반지름, WP개수 등의 조건을 입력하면
위의 사진과 같은 규칙적 형태의 자동임무가 생성된다.

⑥ 지도 도구(Map Tool): 지도 도구(Map Tool)는 자동임무의 지도 안에서 지도를 이용한 편리한 기능들로 구성되어 있다.

활용 방법은 다음과 같다.

- 거리 측정(Measure Distant)

두 WP 사이의 거리를 확인해야 할 때 첫 번째 WP 밑 끝 지점에 오른쪽 마우스를 클릭하고 '지도 도구≫거리 측정'을 선택하면 WP가 빨간색으로 바뀐다. 거리 측정이 필요한 다음 WP의 밑 끝 지점에 또 오른쪽 마우스를 클릭하여 거리 측정을 클릭하면 두 지점 사이의 거리(m)와 방위(AZ)가 표시된다.

- 지도 회전(Rotate Map)

지도 회전 각도를 입력한 각도만큼 지도가 회전한다.

- 예비추출(Prefetch)

지도가 생성되지 않는 특수한 장소에서 예비추출 기능을 이용하여 지도를 조각 타일 형태로 받아 생성 하는 기능이나 많은 시간이 소요된다.

- 고도변화 그래프(Elevator Graph)

지형이 복잡한 곳에 여러 개의 WP를 설정하는 경우 모든 WP에 대한 고도 정보를 그래프로 한눈

에 확인할 수 있는 편리한 기능이다.

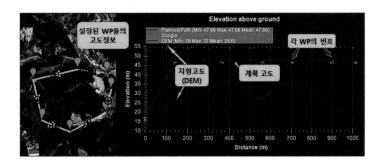

⑦ 파일 저장 및 파일 로드: 위 기능은 지도 화면 오른쪽의 '파일 관리'에서 설명하였다.

⑧ 이곳을 홈으로 설정(Set Home Here): 홈 위치를 새로운 위치로 옮기는 데 매우 편리한 기능이다. 지도 화면에서 홈으로 설정할 위치에 마우스를 놓고 스크롤하거나, 지도 화면 오른쪽 상하로 연결된 바(Bar)를 마우스로 드래그하여 지도 화면을 확대한 후 정확한 WP 예상 위치에 오른쪽 마우스를 클릭하고 '이곳을 홈으로 설정'을 클릭하면 선택한 위치로 홈이 자동으로 옮겨진다.

이상으로 비행프로그램 미션플래너의 활용에 대한 설명을 마친다.

다음 항목의 모의시험(SIMULATION)과 도움말(HELP)은 콥터 제작과 활용에는 직접적 연관성이 없어 설명을 생략한다.

# 13

# 기타 필요 정보
# (other information)

## 1) APM F.C.의 LED의 의미 및 구분

### (1) LED의 의미

여기에서 LED는 빨강의 red를 의미하는 것이 아니다.

LED는 'Light Emitting Diode'를 줄인 말로 발광다이오드라는 전자 부품을 이용해 불빛의 색과 주기 신호로 콥터의 현재 상태를 전달하는 기능을 지칭하는 용어다.

APM F.C.의 LED는 보드의 후방 OUTPUTS 단자 3핀 쪽에서 빨강, 노랑, 파랑의 3가지 색과 점멸 주기로 APM F.C.의 현재 상태에 대한 정보를 조종사에게 전달한다.

### (2) LED 신호 구분 방법

- A: 빨강 LED

① 한 번씩 깜박인다.

· 의미 - 비행이 가능하지만 아직 준비가 완료되지 않은 상태로 특별한 경우가 아니면 잠시의 준비 시간 후 비행가능 상태로 전환되거나 조종기로 아밍을 몇 번 시도하면 모터 회전이 시작된다.

② 두 번 깜박인다.

· 의미 - 아밍 체크(Arming Check) 상태를 통과하지 못했다는 의미다. 이 경우는 준비 시간이 지나도 비행할 수 없다. 통과하지 못한 아밍 체크 상황을 해결해야 한다.

③ 지속적으로 켜져 있다.

· 의미 - 비행 준비가 완료된 상태로 조종기로 아밍을 시도하면 곧바로 모터의 회전이 시작된다.

아밍 체크 상태에 관한 사항은 앞서 설명한 '구성/튜닝≫표준매개변수'의 '시동이 걸리지 않는 Disarming 원인 및 해결'을 참고하기 바란다.

- B: 노랑 LED

· 의미 - 노랑 LED는 보정 작업이 진행 중일 때만 발광하며 평상시에는 점멸하지 않는다.

- C: 파랑 LED

① 한 번씩 깜박인다.

· 의미 - F.C.와 GPS는 정상 연결되어 있으나 인공위성 수신 상태가 좋지 않은 상태로 시간이 지나면 해결될 수 있다.

② 파랑 LED가 작동하지 않는다.

· 의미 - F.C.와 GPS가 정상적으로 연결되어 있지 않은 상태로 연결 관계의 점검이 필요하다.

③ 지속적으로 켜져 있다.

· 의미 - F.C.와 GPS가 정상적으로 연결되어 있으며 인공위성 수신 상태도 정상적임을 의미한다.

APM F.C.는 픽스호크 F.C.의 구성과 다르게 별도의 LED와 안전 스위치(safety switch) 등의 주변 장치가 함께 갖추어져 있지 않다.

APM F.C.의 LED는 보드 자체에 미세 부품으로 부착되어 있고 검은색 케이스로 덮여 있어 시야 확보에 어려움이 있다. 또한, 콥터 프레임에 F.C. 배치 시 직사광선(기압 센서 오류 작동의 원인이 될 수 있음.)을 피할 수 있는 안쪽 위치에 부착하는 경우가 많아 더욱 LED의 발광 신호를 관찰하여 상태에 관한 정보 확인이 어렵다는 아쉬움이 있다.

부족함을 해결할 수 있고 APM2.+의 아날로그 3핀에 직접 연결하여 사용할 수 있는 LED 기능과 부저(buzzer) 기능이 있는 'INDICATOR'가 있다. 위에 설명한 신호체계와 동일한 방식을 사용하며 부저 기능이 추가되어 있어 안전 경고에도 도움이 된다.

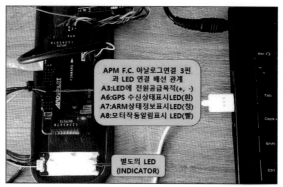

APM F.C.의 아날로그 장치 연결 관계는 '제2장 옵션장치 연관표'를 참고하기 바란다.

## 2) 처녀비행에 필요한 정보

### (1) 비행 전 확인 사항

① 프로펠러가 모터의 중심과 헐거움 없이 단단히 체결되었는지 확인한다.

② 프로펠러의 방향이 모두 옳은 방향으로 체결되었는지 확인한다.

③ 프로펠러가 모두 동일 규격이며 같은 재질, 같은 제조회사 제품으로 체결하였는지 확인한다. (규격은 같아도 다른 재질, 타 회사 제품인 경우 허용 오차가 달라 심한 진동이 유발되는 경우가 있다.)

④ 모터체결 암과 모터가 헐거움 없이 단단히 체결되었는지 확인한다.

⑤ 콥터를 USB 케이블로 미션플래너와 연결하고 충분한 수평 유지가 가능한 곳에 콥터를 놓고 HUD 창의 수평레벨이 정확히 이루어지는지 확인한다.

⑥ 콥터가 미션플래너와 연결되고 콥터 전면을 HUD 쪽으로 향한 상태에서 콥터를 좌로 기울이면 HUD 수평레벨은 오른쪽으로 기울어지고 콥터를 우로 기울이면 HUD 수평레벨은 왼쪽으로 기울어지는지 확인한다.

⑦ 콥터에 전원을 연결하고 LED를 확인하여 위에서 설명한 'APM F.C.의 LED의 의미 및 구분.'과 같이 조치한다.

④와 ⑤가 설명과 다르면 가속도 보정을 다시 실행하고 보드의 전방(FORWARD) 표시와 콥터의 전방 방향이 일치하는지 확인한다.

## (2) 이륙과 동시에 콥터가 뒤집히는 원인

① 프로펠러의 방향이 반대인 경우.

② 모터와 ESC의 3선 체결이 잘못되어 모터가 반대 방향으로 회전하는 경우.

③ 각 모터와 연결된 ESC 신호단자 3핀을 APM F.C. OUTPUTS 단자에 순서가 맞지 않게 연결한 경우.

이 모든 경우는 앞에서 설명한 초기설정의 'ESC 교정 및 모터의 회전 방향 결정'을 참고하기 바란다.

## (3) 처녀비행 실행

첫 비행은 기대되기도 하지만 가장 위험 강도가 높은 긴장의 순간이기도 하다. 아직 안전을 보장할 만한 매개변수 값을 얻지 못한 상태이고 확인할 수 없는 진동 등의 불안 요소는 돌발 위험을 포함하고 있다. 처녀비행은 경험이 많은 조종사도 쉽지 않은 과정이다. 콥터의 진동이 심한 경우 조종기 통제가 불가능한 경우도 발생한다.

다음과 같은 안전 조건을 참고한다.

① 사람이 없는 장소에서 처녀비행을 실행한다.

② 충분히 넓고 개방된 공간에서 실행한다.

③ 바람이 없는 맑은 날 실행한다.

④ 콥터와 조종자는 자신에게 갑자기 날아오는 콥터에 상해를 입지 않을 충분한 거리를 유지하고 안전 장구를 착용한다.

⑤ 비행모드는 Stabilize 모드로 시동을 걸어 시작하고 콥터가 지면에서 이륙할 때 매우 세심하게 스로틀을 올려 부드러운 상승이 되도록 한다.

⑥ 높이는 1~2m를 유지하고 콥터의 진동 등 불안 요소가 발견되면 즉시 착륙한다.

처녀비행의 비행모드를 Stabilize 모드로 놓아야 하는 이유는 가속 센서와 기압 센서(일정 고도 유지를 위함.)가 작동하는 모드(AltHold, Loiter, PosHold 모드.)에서 다른 원인으로 발생한 진동을 정상 비행 중에 발생한 진동으로 착각하고, 그만큼의 많은 출력이 필요하다고 잘못 인식하여 콥터가 급격히 상승하는 원인을 제공하기 때문이다.

시험비행의 이륙을 Stabilize 모드로 비행한다. 진동의 정도를 육안으로 확인하고 기초적인 수동튜닝 등으로 진동이 어느 정도 감소한 상태를 확보하였다면 Stabilize 모드로 약 1~2m 높이에서 AltHold 모드로 전환한다. 그래도 상승 정도가 갑작스러우면 Stabilize 모드로 전환하거나 착륙을 시도한다.

· 이륙 후 조종기의 피치(전, 후) 스틱의 움직임과 롤(좌, 우) 스틱의 움직임에 의한 콥터의 방향이 다른 경우

원인으로 수신기와 APM F.C.의 INPUTS과의 연결 배선이 '1-A/2-E/3-T/4-R'로 되어 있지 않은 경우이거나 조종기에서 '모드2'를 선택하지 않은 경우일 가능성이 있다. 옳게 연결한 후 RC 보정을 다시 실행한다.

## (4) 자동 트림(Auto Trim)

비행 초기 Stabilize 모드로 시험비행 중 콥터가 한쪽 방향으로 계속 흐르는 경우가 있다. 이는 콥터의 수평이 불량한 경우일 수 있다. 이때 가속도 보정을 다시 실행하면 한쪽 흐름 현상이 해결될 수 있으나 이것으로 해결되지 않는 경우도 종종 발생한다. 이 같은 경우 조종기의 트림 버튼을 움직여 어느 정도의 효과를 볼 수는 있지만 한 대의 조종기로 여러 콥터의 비행에 사용하다 보면 전 콥터의 트림값을 다른 콥터에도 적용하는 오류가 발생하게 된다.

조종기의 트림 버튼을 사용하지 않고 콥터의 매개변수 중 롤의 트림(AHRS_TRIM_ROL)과 피치의 트림(AHRS_TRIM_PIT)값을 자동으로 획득하는 자동 트림 방법을 설명한다.
과정은 다음과 같다.

드론 제작 실전

① 비행모드를 Stabilize 모드로 놓고 콥터에 전원을 연결한다.

② 조종기의 스로틀과 요를 제어하는 스틱을 오른쪽 사진과 같은 45도 방향에 놓고 APM F.C.의 LED가 빨, 노, 파 3색의 깜박임이 약 15~20초 동안 유지되도록 스틱 위치를 유지한다. (스틱이 이 위치에 있을 때 시동이 걸릴 수 있다. 그래도 스틱을 움직이지 않고 있으면 모터 회전이 자동으로 멈춘다.)

③ 콥터에 시동을 걸어 약 2~3m의 고도에서 좌, 우, 전, 후로 치우치지 않고 한 위치에 있도록 약 30초 동안 조종기를 조작한다.

④ 콥터를 서서히 착륙하고 조종기 스로틀을 0의 위치에서 약 10초 동안 유지한다.

⑤ ④까지의 결과로 아래와 같은 롤과 피치의 트림값이 자동 생성된다.

'구성≫전체매개변수 리스트'의 롤 트림(AHRS_TRIM_ROL)과 피치 트림(AHRS_TRIM_PIT) 매개변수의 변화를 확인할 수 있다.

⑥ 이러한 과정은 야외의 경우 바람이 없는 날 실행하고 높고 넓은 실내 체육관에서 실행하면 더욱 정확할 수 있다.

### (5) 무인 멀티콥터 조종자 자격

드론 비행을 위하여 아래와 같은 조종자 자격이 요구된다.

|  | 무게 범위 등 | 응시 기준 |
|---|---|---|
| 1종 | 최대이륙중량이 25kg을 초과하고 연료의 중량을 제외한 자체 중량 150kg 이하. | 1종 무인멀티콥터 조종 시간이 20시간 이상. |
| 2종 | 최대이륙중량이 7kg 초과~25kg 이하. | 1종 또는 2종 무인멀티콥터 조종 시간이 10시간 이상. |
| 3종 | 최대이륙중량이 2kg 초과~7kg 이하. | 1종, 2종, 3종 무인멀티콥터 중 어느 하나 조종 시간이 6시간 이상. |

| 4종 | 최대이륙중량이 250g 초과 ~2kg 이하. | 응시기준 없음. |

무인멀티콥터 1종~3종의 자격 취득은 만 14세 이상인 사람이면 되고 4종은 만 10세 이상인 사람으로 인터넷 교육을 이수한 사람이면 자격을 취득할 수 있다. 인터넷 교육 주소는 다음과 같다.

한국교통안전공단 배움터: http://edu.kotsa.or.kr (무료 강좌)

### (6) 조종사 준수사항

① 비행시간

드론 조종은 일출에서 일몰 시간대에 비행이 가능하다.

단, 특별 승인 시 이외의 시간에도 가능하다. (예: 드론 공연 등.)

② 비행금지 장소

· 관제탑이 있는 비행장으로부터 반경이 9.3km 이내인 곳.

· 비행금지 구역으로 설정된 곳. (휴전선, 청와대 상공, 원전 등.)

· 인구 밀집 지역 또는 사람이 많이 모인 장소의 상공.

비행금지 구역에서 비행하려는 경우 지방항공청 또는 국방부의 허가가 필요하다.

③ 비행 고도

150m 미만.

④ 비행금지 행위

· 비행 중 낙하물 투하 금지.

· 음주 상태에서 비행 금지.

· 조종자의 육안 확인(드론을 볼 수 있는 시야의 확보.)이 불가능한 상태에서 비행금지. (예: 안개, 황사 또는 시야 확보가 불가능한 거리와 위치 등.)

· (5), (6) 내용은 한국안전교통공단 배움터의 '무인멀티콥터 4종'의 교육 내용을 인용함.

### (7) 부품 구입

알리 또는 파란 창에 물품을 검색하여 구입할 수 있다. 처음엔 전체 구성(조종기와 수신기 제외, 별도 구매 예상.) 물품을 선택하는 것이 유리하다.

이상으로 드론 제작 실전을 마친다. 드론 제작에 필요한 일부 과정은 ardupilot 미션플래너의 정보를 기초로 설명하였다.

ardupilot 미션플래너는 무료로 사용이 가능하지만 기부로 생존하는 비영리 단체에 의해 제공되고 있다. 구글에서 ardupilot 홈 페이지를 방문하면 기부하는 방법을 설명하고 있다.

귀하는

드론 제작 실전을 완성하셨습니다.


교재 내용을 충실히 이행하였다면, 파란 하늘 속

드론이 함께 날겠지요.


특히, 항공 또는 드론학과 학생들의 졸업과제에 도움이 되길 바랍니다.

우주와 과학적 호기심이 많은 중학교 까까머리 시절, 서울 세운상가를 다니며
간단한 전자 부품을 구입해 이어폰 형태의 라디오 등을 만들고 신기해했었다.
또한, 하늘을 나는 고무 동력 글라이더를 만들어
하늘을 자유롭게 날 수 있으면 좋겠다는 상상을 했었다.

이후 정형화된 교육 중심에서 상상력이 마치 배타적 산물로
취급받는 오류의 산업 시대를 오래도록 살았다.

듬성하고 하얀 머리카락이 얼마 남지 않은 생업을 책임지던 어느 날,
까까머리 시절 잠재력을 깨우는 물체를 보았다. 드론.

아름다운 영상을 찍고, 편집하고 너무도 신기했다.
한편 답답했다. 구조를 알고 싶었다.

몇 년 동안 해부를 했다.
F.C., 반영구적 모터, ESC….
이것들을 알려 주고 싶었다.
나보다는 신선한 세대에게. 그러면 그들은 상상력을
잃지 않고 보다 간편한 걸음으로 벅찬 미래로 나갈 것을 믿기에….
2022년 3월 바람이 많이 부는 날.

이메일: drone-edu20@naver.com
드론 제작 교육 문의, 이메일 남겨 주시면 답변드리겠습니다.

# 드론 제작 실전

미션플래너 · APM · 픽스호크 사용자를 위한
드론 제작교재

ⓒ 전진수, 2022

초판 1쇄 발행 2022년 7월 25일

지은이      전진수
펴낸이      이기봉
편집        좋은땅 편집팀
펴낸곳      도서출판 좋은땅
주소        서울특별시 마포구 양화로12길 26 지월드빌딩 (서교동 395-7)
전화        02)374-8616~7
팩스        02)374-8614
이메일      gworldbook@naver.com
홈페이지    www.g-world.co.kr

ISBN    979-11-388-1148-4 (13550)